유전자, 센트럴 도그마, 인간다움, 카라마조프가의 형제들

닮은 듯 다른 우리

✷일러두기

  1. 이 책에 인용한 소설 『카라마조프가의 형제들』은 민음사와 열린책들의 번역본을 사용했습니다.

  2. 이 책에 소개하고 있는 생물학 용어와 개념 설명은 Bruce Alberts, Karen Hopkin, Alexander Johnson, David Morgan, Martin Raff, Keith Roberts, Peter Walter가 공저한 『Essential Cell Biology』(Fifth Edition, 2019)를 기본적으로 참고했습니다.

유전자, 센트럴 도그마, 인간다움, 카라마조프가의 형제들

닮은 듯
다른 우리

김영웅 지음

선율

소설 『카라마조프가의 형제들』에 등장하는 주요 인물들의 성격과 삶 그리고 그들의 복잡한 가족사를 생물학의 관점으로 살펴보며 세포생물학, 분자생물학 그리고 유전학의 주제들을 제시하는 1장과 2장의 구성에 찬사를 보낸다. 특히 '카라마조프적'인 것이 무엇인가 하는 질문에 대한 답을 찾기 위해 생물학의 이해를 기반으로 가설들을 세우고 보완해 가는 과정은 꽤나 흥미롭다. 3장에서는 현대 문학과 인문학 서적을 생물학적 관점에서 읽어 나가며 인간다움에 대한 진화에 기반을 둔 의미심장한 해석으로 이어진다. 게다가 저자가 서문에서 밝힌 것처럼 대중생물학 책으로 이 책을 보자면, 무엇보다 재미있게 술술 잘 읽힌다는 것이 가장 큰 장점이기도 하다. 그래서 재미있게 이 책을 다 읽고 나면, 생물학에 대한 기본적인 지식을 이해하게 될 뿐만 아니라 『카라마조프가의 형제들』을 직접 읽고 싶은 마음마저 들게 될 것이다. 이렇듯 이 책은 소통이 불가능한 것 같았던 과학과 인문학의 만남에 선량한 주선자가 될 것이라는 기대를 품게 한다. 이 책을 읽는 모든 이들이 이러한 기대를 품으며 즐겁게 읽는다면 생물학과 문학의 뜻밖의 조우로 인한 지식과 그로 인한 통찰을 얻을 수 있을 것이다.

- 강상훈 | 미국 Easterning Illinois University 생물학과 교수

도스토옙스키 탄생 200주년을 더욱 풍요롭게 해 주는 책 『닮은 듯 다른 우리』가 출간되어 기쁘고 반갑다. 『카라마조프가의 형제들』을 세포생물학, 분자생물학, 유전학의 코드로 읽는 동시에 대문호의 인문학적 깊이로 생물학의 본질을 천착하는 신선하고 도전적인 책이다. 친절한 설명 덕분에 술술 읽히지만 인간다움의 심연을 응시하는 저자의 혜안이 예사롭지 않다.

문학과 생물학의 융합이라는 개척지에서 저자가 던지는 질문이 새삼 묵직한 울림으로 다가온다. "인간이란 무엇인가."

- 석영중 | 고려대학교 노어노문학과 교수

러시아의 대문호 도스토예프스키의 작품 『카라마조프가의 형제들』에 등장하는 표도르 카라마조프와 그의 세 부인들 그리고 그들 사이에 태어난 네 아들들의 삶을, 김영웅 박사는 그의 생물학자적 관점을 투영시켜 카라마조프가The Karamazovs-specific만의 생물적 특성들을 찾으려는 시도를 스토리텔링Storytelling방식으로 독자들에게 보여준다. 이 과정에서 자연스럽게 세포학, 유전학, 분자생물학의 기초지식을 소개함으로써 독자들은 '문학과 생물학의 조우'라는 독특한 경험을 가지리라 믿는다. 궁극적으로 인간이 가진 특별함이란 자신을 객관화시켜서 보는 노력과 우열의 관점이 아닌 다양함의 인정에 바탕을 둔 사람다움에 있음을 말하는 작가의 따뜻하고 참신한 시선에 큰 공감이 간다.

– 장성희 | 세계채소센터World Vegetable Center 한국사무소 소장

"쟤는 대체 누굴 닮아서 저래?"

부모가 자녀에게서 못난 점을 발견할 때 흔히 보이는 반응이다. 마침 배우자가 옆에 있다면 질문은 의문문이 아닌 감탄문과 평서문의 중간 쯤 되는 형식으로 바뀐다. 이때 말하는 입장에선 주의해야 할 사항이 있다. 농담을 던지듯 가볍게 말해야 한다는 점이다. 사뭇 진지한 표정은 반드시 숨겨야 한다. 들켜선 안 된다.

"쟤는 아무래도 당신 닮아서 그런 것 같아."

듣는 입장에선 뜨끔하다. 그 말이 순전히 자신을 비난하기 위해서가 아니라는 사실을 알고 있지만, 막상 들으면 기분 좋을 리가 없기 때문이다. 당연히 맞받아친다. 이때 중요한 건 그 정도의 농담은 충분히 받아칠 수 있는 여유로운 사람이라는 점을 은근하면서도 확실하게 보여야 한다는 것이다. 이 복잡 미묘한 심리를 잘 표현하기 위해선 얼굴에 살짝 미소를 지어야 한다. 배우자를 정면으로 바라볼 필요는 없다. 정색하는 것처럼 보일 수 있기 때문이다. 은근히 말해야 한다. 별 일 아니라는 식으로. 조금 끌면서.

"무슨 소리야? 당신 닮아서 그렇지."

막상 이 말을 던지고 보니 좀 궁색한 것 같다. 아이의 단점과 자신의 단점이 닮아 있고 배우자는 전혀 그런 면이 없기 때문이다. 게다가 누가 일부러 가르쳐주지도 않았는데 아이는 감추고 싶은 내 못난 모습을 닮아 있질 않은가.

답 없는 궁금증

우리 주위에서 심심찮게 벌어지는 일이다. 아이를 낳고 부모가 되면 적어도 한두 번쯤은 이런 비슷한 상황을 겪게 된다. 주로 농담 정도로 끝나고 말지만, 아주 가끔 큰 부부싸움의 원인이 되기도 한다. 하지만 누가 누구를 닮았는지 닮지 않았는지 정답을 모른 채 서로의 감정만 상하고 마무리되는 게 우리들의 현실이다. 오로지 욕을 먹는 건 말도 못하는 DNA일 뿐이다.

그런데 정말 답이 없는 것일까? 정말 아이의 장단점이 엄마나 아빠의 모습 중 하나를 닮아서 나타나는 현상일까? 과연 '유전'이란 법칙이 이 문제에서도 작동하는 것일까? 그렇다면 아이의 모든 행동은 엄마와 아빠의 모습 중 하나를 반영하는 것일까? 닮았다는 사실이 곧 유전을 의미하는 것일까?

생물학자의 입장에서 볼 때 이러한 질문의 난이도는 상당히 높은 수준이다. 바보 같은 질문도 아니다. 오히려 대단히 중요한 질문이다. 이 질문에 대한 생물학적인 답변은 결코 쉽지 않다. 한 번에 한 문장으로 말하기는 거의 불가능하다. 어쩌면 이러한 난점 때문에 우리들은 똑같은 문제로 다투기를 반복하고 있는지도 모르겠다. 제대로 된 답을 위해선 생물학의 기본 지식을 조금 알 필요가 있다. 눈치 빠른 독자는 유전학만 알면 되지 않겠느냐고 반문할 수도 있겠지만, 유전학을 이해하기 위해선 그것보다 기본이 되는 세포생물학과 분자생물학을 이해하지 않으면 안 된다.

가만히 살펴보면 우리 일상은 꽤 많은 궁금증으로 가득 차 있다는 사실을 알 수 있다. 안타까운 점은 대부분의 궁금증이 답 없이 궁금증 자체로 남아 있다는 것이다. 그리고 우리들은 이미 이렇게 '답 없는 궁금증'에 익숙해져 버린 게 아닌가 싶다. 생물학자로서 나는 이런 '답 없는 궁금증' 해소에 조금이나마 도움이 되었으면 하는 마음으로 이 책을 썼다. 답이 있으면 답을 말하고, 정확한 답이 없으면 '최선의 설명'에 다가갈 수 있는 단서나 힌트를 제공하려고 했다. 아마 대부분의 독자들에게 세포생물학, 분자생물학, 유전학, 후생유전학, 진화생물학은 낯선 영역일 것이다. 하지만 이것들은 기초적인 생물학 지식이다. 이렇게 낯설지만 기초가 되는 생물학을 이해하면 우리의 삶에서 그냥 넘어갔던 수많은 '답 없는 궁금증'을 해결할 수 있는 힌트를 얻게 될 것이다.

이 책은 과학만을 다루고 있지 않다. 과학만큼 큰 비중으로 문학을 다룬다. 때로는 현실보다 더 현실 같은 이야기가 가득한 문학작품 속에 등장하는 인물들이 우리의 생물학 여행에 훌륭한 파트너가 되어줄 것이기 때문이다. 그래서 우리는 이 책을 통해 단지 생물학 지식을 배우는 것에 그치지 않고 우리의 삶에서 생물학의 원리가 어떻게 적용되는지를 함께 살펴보게 될 것이다.

고전 문학과 과학의 만남

이 책의 1, 2부는 도스토예프스키Fyodor Mikhailovich Dostoevskii의 『카라마조프가의 형제들』을 생물학의 눈으로 읽어내며, 생물학 기초 개념들을 소개한다. 특히 '닮음과 다름'이라는 주제로 이 소설을 다루면서 생소한 개념들에 대한 이해를 도왔는데, 나는 도스토예프스키가 암묵적으로 강조하고 있는 '카라마조프적的'인 그 무엇에 대해 주안점을 두고 전체 이야기를 풀어나갔다. 생물학자인 내 눈에는 이 부분이 남다르게 읽혔기 때문이며, 나는 소설 속 주요 등장인물들을 하나씩 살펴보면서 '카라마조프적'인 것의 정체를 밝혀보고 싶었다.

『카라마조프가의 형제들』이라는 대작의 관점에서 본다면 전혀 예기치 못한 시선으로 소설을 해석한 경우가 될 것이고, 생물학 기본 개념들을 설명하는 대중 과학서적의 관점에서 본다 해도 역시나 뜻밖의 궁합으로 읽히기에 부족함이 없을 것이다.

도스토예프스키의 걸작 『카라마조프가의 형제들』은 친부親父 살인사건을 이야기의 절정으로 담고 있다. 아버지에게는 세 명의 아내가 있었고, 그들 가운데 태어난 아들은 총 네 명이다. 네 명의 아들은 모두 제각기 독특한 개성을 가진 인물로 그려지는데, 안타깝게도 이들 중에 아버지를 살해한 자가 있다. 한 마디로 존속 살인 사건인 것이다. 살인이 벌어지자 한 명만 빼고 세 명의 아들은 모두 용의자 선상에 오른다. 소설을 읽어본 사람은 범인이 누군지 알겠지만, 나는 이 책을 쓰며 범인을 추적한다거나 그가 누구인지에 대해서는 큰 관심을 두지 않기 때문에 이미 읽은 사람도 아직 읽지 않은 사람도 흥미롭게 생물학자의 눈으로 바라본 이 소설의 재해석에 동참할 수 있으리라 기대한다.

생물학자로서 나는 네 명의 아들이 서로 다른 이유에 대해서 관심 있게 살펴보려고 했다. 그래서 네 아들이 서로 다른 이유와 현상에 대한 생물학적인 해석을 더해 보았다. 이를테면, 한 아버지와 세 어머니의 유전자가 네 아들의 차이를 만드는 데에 얼마나 기여를 했는지, 특히 살인 공모죄 혐의를 쓴 아들과 용의자 선상에 오르지 않은 유일한 아들이 하필 같은 어머니로부터 태어났다는 사실이 어떤 의미를 가지는지에 대해 조심스럽게 유전학적인 해석을 해 보았다. 물론 도스토예프스키는 이 소설을 쓰면서 유전학적인 측면을 전혀 고려하지 않았을 것이다. 그래서 이 해석은 조금 엉뚱하게 보일지도 모른다. 하지만 소설 속 인물들의 이야기를 새로운 각도에서 재해석해 보면서 우리 자신의 상황과 비교해 볼 수도 있고, '유전 현상'이라고 암묵적으로 믿어왔던 것들이 단순히 무속적인 믿음에 불과할 수 있다는 사실도 알게 되면 분명히 색다른 여행이 될 수 있을 것이다. 여기에 의미를 조금 더 부여해 보면 이 책이 출간된 2021년은 도스토예프스키 탄생 200주년이 되는 해 이기도 하다.

현대 소설과 인문학 그리고 과학의 만남

이 책은 일부러 교과서와 같은 형식을 피했다. 그런 책들은 이미 충분하다고 판단했기 때문이다. 교과서와 같은 형식을 피해야겠다고 마음먹는 것이야 어렵지 않은 일이었다. 하지만 낯설고 어렵게 느껴지는 기초 생물학을 어떻게 새로운 형식으로 소개할지 그 방법을 찾는 것은 쉬운 일이 아니었다. 물론 친절하고 쉽게 써야 한다는 정도는 대중 과학서를 출간하려는 수많은 저자들의 공통된 목표일 것이다. 그리고 이미 이런 구성의 책들은 여러 권 상당한 수준으로 출간 되었다. 나는 이와는 조금 다른 접근 방식으로 생물학을 소개하고 싶었고 '스토리텔링'이라는 방식을 생각했다. 개인적으로 전공한 분야가 아닌 색다른 분야의 책을 읽을 때마다 기본에 충실한 교과서식 구성이나 쉽고 친절한 백과사전식 구성보다는 스토리텔링이 들어간 책에서 더 큰 매력을 느껴왔다. 아무리 쉽게 개념을 설명해준다 하더라도 전공 지식에 특별히 관심이 있지 않는 독자들에게 다가서기에는 스토리텔링만큼 좋은 방법이 없다고 생각했던 것이다. 스토리텔링이 없는 교과서나 사전을 처음부터 끝까지 소설책 읽듯이 읽어나가는 사람은 거의 없지 않는가! 기초 생물학 지식을 쉽고 친절하게 전달하기 위한 대중 과학서라면, 재미있고 공감할 수 있는 이야기를 입힐 때 훨씬 더 친근하게 독자들에게 읽힐 수 있을 것이라고 생각했다. 필요할 때 찾아보는 책도 필요하지만, 손에 들고 술술 읽을 수 있는 기초 생물학 책도 있어야 한다고 생각했고 그런 책을 쓰고 싶었다.

그래서 나는 재미있고 공감할 수 있는 이야기라면 어떤 것들이 있을지 고민했다. 요즈음에는 워낙 학제 간 교류와 소통이 활발해서 어떤 한 학문을 전공한다 해도 그와 관련된 여러 학문들을 함께 섭렵하지 않으면 안 될 분위기가 되었다. 한국에 인문학 열풍이 일어난 지도 어언 10여 년이 지나가는 것 같다. 지금은 고인이 된 애플 창업자 스티브 잡스Steven Paul Jobs의 발언이 한국인들에겐 아주 강력한 불쏘시개가 되었다는 글을 어디선가 본 기억이 난다. 어쨌든 인문학 열풍이 일어나며 모든 분야에서 인문학을 배우고 읽기 시작했고, 기업에서도 인재를 채용할 때 인문학적인 자질까지 본다고 할 정도로 가히 인문학 열풍은 대단하다.

이런 고민을 담아 3부 인간의 특별함을 다룬 부분에서는 서로 다른 두 권의 책을 통해 생물학에 대해 이야기했다. 한 권은 가즈오 이시구로石黑一雄의 『클라라와 태양』이라는 현대문학 소설이고, 또 다른 한 권은 김현경의 『사람, 장소, 환대』라는 인문서적이다. 이 두 권의 책을 통해 생물학에 기초한 인간의 특별함에 대해서 살펴보았다. 나는 인간의 특별함을 우월함이 아닌 인간다움이라는 측면에서 살펴보았는데, 이것은 개인적으로 이 책을 쓰며 가장 의미 있는 작업이었다고 생각된다. 특히 2021년 현재, 벌써 1년이 넘도록 펜데믹 시대를 살아가고 있는 실정에 나뿐만 아니라 이 책을 읽는 독자들에게도 꽤 의미 있게 다가가지 않을까 기대해 본다. 이렇게 생물학과 문학과 인문학의 예기치 못한 만남이 이 작은 책 안에서 이루어졌다. 이것이 참신한 시도였는지 무모한 시도였는지는 독자들이 이 책을 다 읽고 평가해 주시겠지만 부디 낯설고 어렵게 느껴졌던 기초 생물학에 한 걸음 친숙하게 다가가는데 좋은 디딤돌이 되기를 바랄 뿐이다.

인간은 왜 특별할까?

나는 누굴 닮았을까?

엄마일까? 아빠일까?

카라마조프적인 카라마조프가

어린 시절 아버지에게 버림받고 어머니도 없이 성장한 배다른 세 형제가 있다. 두 어머니에게 태어난 세 아들이지만 모두 아버지의 성 ᴴᴱ인 카라마조프를 쓰고 있다. 하지만 어머니가 강간당해 아버지 없이 사생아로 자란 또 다른 아들은 아버지의 성을 쓰지 못한다. 각기 다른 세 어머니에게 태어난 네 명의 아들은 한 아버지의 피를 물려받았다. 바로 표도르 파블로비치 카라마조프이다. 때로는 광대와 다름없고, 때로는 음탕하고 탐욕스럽게 색욕에 빠져 있고, 인간을 향한 정이라고는 찾아 볼 수 없는 아버지를 둔 네 아들 중 누군가에 의해 아버지 카라마조프는 살해당한다.

우리는 『카라마조프가의 형제들』이라는 책이 도스토예프스키의 대표작이라는 것과 이 정도의 줄거리는 알고 있다. 하지만 이 책을 완독한 이들은 생각보다 많지 않다. 그만큼 『카라마조프가의 형제들』은 물리적으로나 사상적인 면에서 방대한 소설이기도 하거니와, 도스토예프스키의 글쓰기 스타일에 대한 선경험이 부재하다면 그의 장황한 필체에 혀를 내두르며 십중팔구 인내의 한계를 느끼고는 중도에서 하차할 가능성이 높기 때문이다. 고백하건대 나 역시 동일한 이유로 한 때 이 소설 읽기를 중도 포기했었다. 재밌는 것은 이 소설에 등장하는 두 가지 대표적인 이야기, 「대심문관」이라는 서사시와 「양파 한 뿌리」라는 우화는 의외로 많은 사람들에게 알려져 있는데, 이 두 이야기를 다 합쳐도 전체의 약 백 분의 일 정도밖에 되지 않는다는 점이다.

생물학을 쉽게 이해해 보자고 하면서 시작부터 생물학보다 부담스럽고 불편할 수 있는 2천 페이지가 넘는 고전문학 소설을 들이 민다는 것은 무언가 첫 단추를 잘못 꿰는 것인지 모르겠다. 하지만 여기서 우리는 도스토예프스키가 소설에서 던진 근본적인 질문들, 이를테면 신의 존재와 인간의 본성, 죄와 벌의 의미, 선과 악, 개인과 사회, 자본과 권력, 군림과 억압, 허무와 혼돈, 그리고 구원과 소망 등에 대한 철학적, 신학적, 심리학적, 사회학적, 정치학적인 굵직굵직한 질문들을 찾아보려는 것은 아니다. 이런 심오한 고찰은 러시아 문학을 전공한 분들이 이미 훌륭하게 정리해 주신 것을 읽으면 된다.

우리는 도스토예프스키의 작품 세계를 배경으로 하여 『카라마조프가의 형제들』에 대한 철학적, 신학적, 문학적인 고찰을 가하는 대신 생물학적인 관점에서 접근해보려고 한다. 생물학자로서 나는 이 소설을 읽으며 이런 엉뚱한 질문이 떠올랐다. 한 아버지와 세 어머니에게서 태어난 네 명의 아들은 과연 무엇이 닮았고, 무엇이 닮지 않았을까? 소설에서 말하는 '카라마조프의 피'를 물려받은 네 아들은 무엇을 물려받았고 무엇을 물려받지 않았을까? 이들은 아버지를 더 닮았을까? 어머니를 더 닮았을까? 아니면 닮지 않았을까? 한 아버지의 피를 물려받았다면 어머니가 다른 형제들은 서로 무엇이 닮았고 무엇이 닮지 않았을까? 그리고 생물학자로서 이런 질문들에 어떤 대답을 할 수 있을까? 조금은 무모해 보이는 질문이었지만 찬찬히 살펴보다 보니 상당히 의미 있는 생물학적 대답을 얻을 수 있었다. 그러기에 우리 중 누군가 이 부담스러운 『카라마조프가의 형제들』을 읽지 않았더라도 앞으로 전개될 이야기들은 누구나 충분히 부담 없이 이해할 수 있을 것이다. 그러기 위해서 우리는 이 소설의 다른 내용이 아닌 아버지 표도르 카라마조프의 살인사건에 직간접적으로 관여된 그의 네 아들에 오롯이 집중할 것이다. 그리고 네 아들의 생물학적인 부모에 대해서도 살펴볼 것이다.

생물학적으로 이 소설을 살펴보면 대단히 흥미로운 지점이 눈에 들어오게 된다. 이 소설 속에서는 여러 번 '카라마조프적'이라는 표현이 등장한다는 것이다. 마치 카라마조프의 피가 흐르는 사람, 즉 아버지 표도르를 포함하여 네 아들의 피에 어떤 공통된 속성이 흐르는 것 같은 인상을 풍기는 표현이다. 여기서 문학적 수사인 '피'는 생물학적으로는 '유전'을 의미하고, 분자생물학적으로는 'DNA'를 의미한다고 볼 수 있다. 과연 카라마조프라는 유전자가 DNA상에 존재할지, 그렇지 않다면 어떻게 카라마조프 가문에 흐르는 공통된 습성을 설명할 수 있을 것인지 차차 살펴보려고 한다.

기초 생물학 지식이 있는 사람이라면, 자녀가 엄마와 아빠로부터 DNA를 정확히 절반씩 물려받았다는 사실을 알고 있을 것이다. 생물학을 전공하지 않더라도 상식적으로 임신은 엄마의 난자와 아빠의 정자가 만나 새로운 생명체가 탄생하는 사건이라는 사실을 알기 때문이다. 그러나 딱 여기까지다. 안타깝게도 우리가 알고 있는 정확한 생물학적인 정보는 여기까지다. 그 이후에 진행되는 온갖 종류의 무성한 정보는 정확도가 현저히 떨어진다. 대부분은 부분적인 진실만을 담고 있을 뿐 허황된 추측과 잘못된 확신, 때론 공상에 불과한 신념으로 얼룩져있다. 심지어 과학이 아니라 무속의 영역에 속하는 정보들도 많다. 우리가 여기저기서 주워들어 마치 과학적 사실인 것처럼 착각하고 있는 정보 중 과연 어디까지가 참이고 어디까지가 거짓일까?

이런 이유로 우리는 과학과 문학을 파트너로 삼은 특별한 여행을 시작해 보려고 한다. 특히 생물학과 관련된 진실은 무엇인지 그리고 공상에 불과한 신념은 무엇인지 하나하나 살펴 볼 것이다. 아마도 이 여행을 마칠 때 즈음이면, 자신이 누군가에게 무심코 던진 '누구 닮았다' 혹은 '누구도 닮지 않았다'라는 말 때문에 그 누군가가 상처 받는 일도 없을 테고, 자신은 물론 타자를 독립된 인격체로 좀 더 존중할 수 있는 기회가 열리게 되지 않을까? 특별히 부모가 자녀를 자신과 동등한 독립된 인격체로 존중할 수 있게 되길 기대해 본다.

단 하나의 세포 수정란, 줄기세포, 체세포, 생식세포

본격적인 여행을 시작하기에 앞서 기본적인 생물학 개념을 먼저 짚어보려고 한다. 제대로 즐기기 위해선 준비과정이 필수이기 때문이다. 우리에게 낯설지 않은 개념부터 시작해서 이야기를 하다보면 자연스레 여러 가지 생물학 용어에 익숙해지게 될 것이기에 가장 먼저 첫 생명의 탄생인 수정Fertilization에서부터 출발해 보려고 한다. 이어서 유전정보가 담겨있는 DNA로부터 유전형질(유전자에 의해서 나타나는 모든 모습이나 성질)을 나타내는 중요한 매개체인 단백질이 합성되는 여정을 따라가 볼 것이다. 그러다보면 우리는 자신도 모르는 사이에 세포생물학과 분자생물학의 핵심이 되는 개념들을 알아가게 될 것이다.

수정은 우리가 흔히 임신Pregnancy이라고 알고 있는 사건의 생물학적 표현이다. 수정란은 엄마의 난자와 아빠의 정자가 만나 탄생하는 새로운 하나의 세포이며 모든 인간의 시작이다. 이렇게 모든 인간은 키, 피부색, 신분, 성별과 상관없이 단 하나의 세포로부터 시작된다. 하나의 세포로부터 모든 세포가 만들어지기 때문에 굳이 생물학 용어를 사용해서 표현하자면 수정란은 줄기세포Stem Cell 중의 줄기세포라고 할 수 있겠다. 줄기세포는 상대적으로 발생이 덜 된 초기 단계의 세포로 특정 조직 세포로 분화할 수 있는 능력이 있는 세포를 말한다. 생물학에서 이런 줄기세포는 단 하나의 단어로 정의하기도 하는데, 영어로 'Omnipotence전능'라는 단어이다. 이 단어에는 "모든 세포로 분화할 수 있는 능력"이라는 생물학적 의미가 담겨 있는데 특히 수정란이 세포 분열을 거치다 자궁에 착상하기 직전의 단계인 배반포에서 얻어지는 배아줄기세포Embryonic Stem Cell는 우리 몸의 모든 세포를 만들 수 있는 전능한 세포라 할 수 있다. 반면에 해당 장기 내에서 자신이 속한 장기의 모든 세포를 만들 수 있는 능력을 가진 성체줄기세포Adult Stem Cell는 'Multipotent만능'라는 단어로 정의한다. 그러니 모든 인간의 시작인 수정란이야말로 줄기세포 중의 줄기세포인 것이다. 그런데 수정을 통해 하나의 세포에서 시작된 우리 몸을 이루는 세포는 대부분 체세포Somatic Cell다. 체세포는 생식세포Germ Cell라고도 부르는 남자의 정자Sperm와 여자의 난자Egg를 제외하고 피부, 눈, 코, 입부터 시작해서 동식물을 구성하는 모든 세포를 말한다. 그러니 우리 인간의 대부분은 체세포로 이루어져 있음을 알 수 있다.

세포 분열 체세포 분열, 난할, 생식세포 분열

정자와 난자가 만나 성공적으로 수정이 이루어지면 수정란이라 불리는 하나의 세포가 탄생한다. 수정란은 곧바로 여러 개의 세포로 나누어지기 시작한다. 이른바 세포 분열Cell Division이다. 수정란 초기 단계에 하나의 세포는 두 개의 세포로, 두 개의 세포는 네 개의 세포로, 이런 식으로 2의 제곱 승으로 수학적 표현이 가능한 세포 분열을 거치게 된다. 그러나 이때의 세포 분열은 하나의 체세포가 두 개의 체세포로 갈라져 세포의 수가 불어나는 체세포 분열Mitosis과는 다르다. 분열 결과 독립적인 크기와 형태를 가진 세포가 탄생하는 것이 아니기 때문이다. 이때의 세포 분열은 세포 안에 세포가 계속해서 생겨나는 형태로, 마치 수정란이라는 공간 안에 갇혀 세포 수만 늘어나는 것처럼 보인다. 그래서 육안으로 보면 수정란이 세 차례의 분열을 거쳐 8개의 세포가 되어도 하나의 세포로 보이며, 그 크기 또한 한 번도 분열하지 않은 초기 수정란의 크기와 비슷하게 보인다. 즉 초기 수정란의 세포 분열은 세포의 크기가 점점 작아지는 결과를 초래한다. 생물학자들은 이 특별한 과정을 구별하기 위해 '체세포 분열'이라는 용어 대신 난할Cleavage이라는 용어를 사용한다. 영어 단어로 이해하면 이 두 가지를 구분하기가 더 쉽다. 분열은 'Division'으로 '나누다'라는 의미로써 독립된 두 개의 결과물이 만들어지는 과정이라면, 난할은 'Cleavage'으로 '쪼개다'라는 의미로써 하나가 둘이 되었지만 여전히 독립되지 않은 상태로 결과물이 만들어지는 과정이라고 이해할 수 있기 때문이다.

수정란은 이렇게 난할을 거치고 자궁에 착상하여 배아Embryo로 발전하게 된다. 즉 아기가 만들어지는 것이다. 하나의 수정란에서 한 명의 아기가 만들어지는 전 과정을 발생Development이라고 부른다. 수정 후 열 달이라는 긴 기간 동안 일어나는 과정을 엄마의 입장에선 '임신'이라고 하고, 아기의 입장에선 '발생'이라고 부른다.

아기가 태어나고 자라 청소년이 되면 이차성징을 거친다. 이때 생물학적으로는 어른이 된다고 볼 수 있다. 임신 가능한 상태로 접어들기 때문이다. 호르몬의 분비가 왕성해지는 결과로 남자는 고환이 발달하여 사정을 할 수 있게 되고, 여자는 월경을 시작하게 된다. 드디어 남자의 몸 안에서는 처음으로 정자가 생성되기 시작하고, 여자의 몸 안에서는 태어날 때 이미 다 만들어진 미성숙 난자가 성숙되면서 난소 밖으로 배출배란되기 시작한다.

정자와 난자가 생성되는 과정인 생식세포 분열Meiosis은 체세포 분열Mitosis과는 목적이 전혀 다르다. 체세포 분열의 목적은 증식이다. 세포의 수를 늘리는 것이다. 그러나 생식세포 분열의 목적은 증식이 아닌 유전정보 전달이다. 다시 말해, 유전정보가 담긴 DNA를 다음 세대에게 전달하기 위해 사용되는 매개체가 바로 생식세포인 셈이다. 그 목적을 달성하지 못하면 생식세포는 폐기된다. 여자들이 매달 한 번씩 겪는 월경을 떠올리면 이해가 쉬울 것이다.

체세포 분열은 하나의 세포가 한 번의 분열을 거쳐 두 개의 세포를 만드는 결과를 낳지만, 생식세포 분열은 하나의 세포가 두 번의 분열을 거쳐 네 개의 세포를 만들어낸다. 이때 남자의 경우 만들어진 네 개의 생식세포는 모두 발달하여 정상적인 정자로 활동하게 되지만, 여자의 경우 네 개 중 오직 한 개의 생식세포만이 난자로 선택되어 살아남으며 나머지 세 개의 세포는 모두 퇴화된다. 결과적으로 한 번의 생식세포 분열로 만들어지는 정자의 수가 난자의 수보다 4배나 많은 것이다. 수정이 이루어지기 위해서 남자의 몸에서 배출된 수억 마리의 정자가 여자의 몸 안에서 배란된 단 하나의 난자를 향해 돌진하는 모습을 상상해보면, 정자와 난자의 수가 차이나는 이유를 어렵지 않게 이해할 수 있다. 또한, 남자의 경우 정자는 이차성징 이후부터 평생 고환 내에서 만들어지며, 여자의 경우 태어날 때부터 가지고 있던 미성숙 난자는 이차성징 이후부터 난소 내에서 성숙되어 한 달 주기로 하나씩 배란된다. 이렇게 배란된 난자가 정자를 만나면 수정란이 탄생하게 되지만, 만나지 못하면 퇴화되어 월경으로 배출되는 것이다.

세포의 구성 세포질, 핵, 소기관

우리는 지금 새로운 생명의 탄생인 첫 세포에 대한 이야기를 나누고 있다. 다시 말하자면 수정란에서 시작되는 인간의 발생 과정을 따라 생물학 기초 용어들을 하나씩 살펴보고 있다. 이 책에서 모든 생물학 기초 지식을 다룰 수는 없지만 이 여행을 출발하게 된 우리의 첫 번째 관심인 '닮음'부터 차근차근 살펴보려고 한다. 이렇게 우리는 내가 엄마를 닮았는지 아빠를 닮았는지에 대한 질문의 답을 찾고 있다. 나의 자녀가 엄마와 아빠를 정확히 반반씩 닮는지, 엄마 아빠를 닮지 않은 부분도 존재하는지, 만약 그렇다면 그 이유는 무엇인지에 대한 답을 찾고 있다. 이 질문에 답하기 위해 한 가지 더 짚고 넘어가야 할 개념이 있다. 이 또한 아주 기본적인 세포 자체에 대한 기초 지식이다.

먼저, 우리가 다 알고 있다고 여겼던 지식에 대해 질문을 던져 보려고 한다. 앞서 여러 번 언급했다시피 수정란은 정자와 난자의 결합으로 만들어진 하나의 세포다. 그런데 '결합했다'라는 말은 구체적으로 무엇을 의미할까? 이제 우린 생물학적인 대답을 해볼 필요가 있다. 이런 질문을 맞이하면, 우리가 이미 알고 있었다고 생각했던 지식에도 허점이 존재한다는 사실을 발견하게 된다. 질문을 달리 해보자. 엄마의 난자와 아빠의 정자가 합쳐져서 만들어진 수정란이 과연 모든 면에서 정확히 난자와 정자 절반씩 구성된 세포일까? 아니면,

혹시 수정란에서부터 엄마나 아빠, 둘 중 한 쪽으로 치우치게 되는 건 아닐까? 만약 치우쳤다면, 자녀가 그 치우친 쪽을 더 닮게 되는 건 아닐까?

우리가 상식으로 알고 있는 부분은 DNA에 관련된 유전이다. 자녀의 DNA는 엄마의 DNA와 아빠의 DNA를 정확히 절반씩 물려받아 생성된다는 것이 사실이라고 알고 있다. 그러나 세포는 DNA만으로 구성되지 않는다. DNA가 세포라는 하나의 유기체에서 빼놓을 수 없는 부분이기는 하지만, 세포에는 DNA 이외에도 세포를 이루는 중요한 구성성분이 존재한다. 즉 하나의 세포는 DNA가 위치하는 핵Nucleus과 나머지 구성성분이 위치하는 세포질Cytoplasm로 이뤄진다. 이러한 구성성분에는 여러 세포 소기관Organelle들도 있는데, 그 중 대표적인 소기관 중엔 우리가 어디선가 들어봤을 수도 있는 세포 내에서 세포가 사용할 수 있는 에너지 형태인 ATP를 합성하며, 자체적으로 DNA를 가지고 있는 미토콘드리아Mitochondria, 핵 안의 DNA에서 만들어진 RNA로부터 단백질 합성을 담당하는 리보솜Ribosome, 세포의 외부와 내부를 구분하고, 단백질이 곳곳에 박혀있는 인지질 이중층으로 구성되며 선택적 투과성을 가지는 세포막Cell Membrane, 세포막 안에서 핵은 물론 여러 소기관을 감싸고 있는 여백과도 같은 공간이며 대부분이 물로 구성된 액체 상태이나 그 안엔 많은 유기물이 담겨 있는 세포기질Cytosol 등이 있다.

그러므로 수정란은 모든 면에서 난자 반, 정자 반으로 구성된 세포가 아니다. DNA를 제외한 나머지 세포 구성 성분, 즉 세포질은 모두 난자의 것이다. 단순히 물리적인 계산으로 본다면 수정란은 아빠의 정자보다는 엄마의 난자가 차지하는 비중이 압도적으로 높다고 말할 수 있다. 즉 정자와 난자의 결합이란 세포와 세포의 일대일 결합이 아니다. 엄밀히 말하자면 수정란에서 정자와 난자의 일대일 결합은 오로지 핵 속의 DNA에 해당될 뿐이다. 정자와 난자의 결합 과정은 정자의 핵이 몸통과 분리되어 난자 속으로 들어가 난자의 핵과 융합되는 과정이다. 핵이라는 무인도가 떠 있는 바다는 모두 난자의 것이기에, 수정이라는 사건을 문학적으로 표현해 보자면, 정자의 핵이 난자의 넓은 바다를 헤엄쳐서 섬과 같은 난자의 핵에 도달하여 하나로 합쳐지는 사건이라고 할 수 있을 것이다.

이제 우리는 모든 인간의 첫 시작인 수정란이 물리적인 관점에서는 엄마의 난자가 훨씬 더 많은 공헌을 하고 있다는 사실을 확인할 수 있었다. 그렇다면 부피는 물론 핵을 제외한 나머지 부분이 모두 엄마의 것이기 때문에 자녀는 아빠보다 엄마를 더 닮게 되는 것일까? 그렇다면 누구를 닮았다는 건 수정란 상태에서 이미 다 결정이 되는 것일까? 아니면 무엇보다 DNA가 유전정보를 담고 있기 때문에 물리적인 부피와 수정란의 구성 비율에 상관없이 새로이 융합된 핵에 의해서만 자녀의 닮음이 결정되는 것일까?

'카라마조프적'이라는 표현의 의미를 카라마조프가에 흐르는 그 무엇, 소위 '유전'이라는 뜻으로 해석할 때 가장 중요한 요소는 카라마조프가에서 대를 이으며 전해지는 DNA일 것이다. 『카라마조프가의 형제들』이라는 소설의 맥락에서 이 DNA는 곧 아버지 표도르의 정자 안에 들어있던 DNA이다. 생물학적으로 볼 때 그 DNA만이 아버지로부터 네 아들들에게 공통적으로 전달 된 유일한 요소이기 때문이다. 그러나 앞에서 살펴보았듯이 장차 네 아들이 될 수정란의 탄생에는 표도르의 DNA만 존재했던 게 아니라 그의 세 아내의 DNA와 세포질 전부, 즉 핵만 제공한 정자와는 달리 난자의 경우는 세포 전체가 사용되었다는 점을 감안한다면, 과연 우린 '카라마조프적'이라는 표현을 표도르의 DNA만으로 해석하는 입장을 고집할 수 있을까? 표도르의 DNA와 일대일로 완벽하게 짝을 이룰 난자의 DNA는 아무런 역할을 하지 못했다는 말일까? 표도르의 DNA는 다른 DNA보다 어떤 특별한 능력을 갖기라도 했단 말일까? 이런 궁금증을 해결하기 위해 다음 장에서는 DNA 자체에 대한 기초적인 생물학적 지식을 살펴보게 될 것이다.

반반일까?

카라마조프가의 피와 표도르의 DNA

『카라마조프가의 형제들』에 등장하는 네 아들은 제각기 다른 특징을 가진 인물로 묘사된다. 그러나 이들도 사람이자 하나의 생명체이기에 피할 수 없는 생물학적인 공통점을 가진다. 바로 아버지 표도르이다. 이 공통점을 문학적으로 표현하자면 '카라마조프가의 피'라고 할 수 있고, 세포생물학적으로 표현하자면 '표도르의 정자'라고 표현할 수 있을 것이며, 분자생물학적으로 표현하자면 '표도르의 DNA'라고 표현할 수 있을 것이다. 상식적으로 알다시피 사람의 DNA는 부모로부터 각각 절반씩 물려받는다. 그렇다면 DNA 나머지 반쪽인 이들의 어머니, 그러니까 표도르의 아내의 측면에서도 살펴보는 게 당연할 것이다. 그런데 이건 대단히 복잡한 일이다. 공교롭게도 네 아들의 어머니는 한 명이 아니라 세 명이다. 네 아들이 같은 부모 사이에서 태어났다면 우리 주변에 있는 평범한 가정의 형과 동생 관계로 이해하면 쉬울 텐데, 그리고 네 아들의 어머니가 차라리 모두 다르다면 또 한편으론 이해하기가 한결 간편할 텐데 말이다.

앞으로 조금 더 자세히 풀어나가겠지만, 간략히 네 아들과 세 어머니의 관계를 언급하자면 다음과 같다. 첫째 아들 드미트리 표도로비치 카라마조프^{드미트리}의 어머니는 표도르의 첫 번째 아내 아젤라이다 이바노브나 미우소바^{아젤라이다}이고, 둘째 아들 이반 표도로비치 카라마조프^{이반}와 셋째 아들 알렉세이 표도로비치 카라마조프^{알료샤}의 어머니는 표도르의 두 번째 아내 소피아 이바노브나^{소피아}이다. 이에 반하여, 넷째 아들 파벨 표도로비치 스메르쟈코프^{스메르쟈코프}는 표도르와 마을의 백치 여인 리자베타 스메르쟈쉬야^{리자베타} 사이에서 태어난 사생아이며, 나이는 둘째 이반과 같다. 많은 경우 표도르 카라마조프의 아들을 말할 때면 스메르쟈코프를 제외한 세 아들만을 언급하기도 하는데, 이는 다분히 법적인 기준이 들어간 구분이다. 네 아들의 이름을 유심히 보신 분들을 이미 알고 계시는 것처럼, 넷째 아들 스메르쟈코프의 성은 카라마조프가 아니다. 사생아는 정식으로 결혼한 부부 사이에서 태어난 자식이 아니기 때문이다. 그러나 여기에서는 법적인 기준이 아닌 생물학적 기준으로 바라보는 관점을 취하기 때문에, 스메르쟈코프의 나이가 비록 둘째 이반과 같지만 넷째 아들이라고 명명하려고 한다. 그리고 스메르쟈코프를 절대 빼놓을 수 없는 중요한 이유는 그가 바로 표도르를 살해하여 손에 직접

피를 묻힌 살인자이기 때문이다.

그러므로 표도르의 피, 정자, DNA는 네 아들의 유일한 생물학적인 공통점이다. 그렇다면 한 가지 질문이 생긴다. 네 아들 간의 서로 다른 차이는 서로 다른 어머니의 피, 난자, DNA에서 유래한 것일까? 이 질문은 다음 질문으로 자연스레 이어진다. 같은 아버지와 같은 어머니를 가진 둘째 이반과 셋째 알료샤는 과연 나머지 아들(드미트리와 스메르쟈코프)과 비교할 때 서로 더 많이 닮았을까? 그게 아니라면 어떻게 카라마조프가에 흐르는 피를 설명할 수 있는 것일까? 우리가 네 아들의 특징을 간략하게 살펴보기 이전에 이들의 유일한 공통점인 아버지 표도르에 대해서 살펴보는 건 당연한 수순일 것이다.

자녀가 엄마와 아빠의 반반씩 닮았다고 말하는 가장 큰 근거는 아무래도 '유전자'라는 용어 때문이다. 생물학을 전공하지 않았다면, 혹은 학창시절 생물 시간에 외웠던 단편지식들을 다 잊어버렸다면, DNA가 뭔지, 유전자가 뭔지 도대체 알 것 같기도 하고 모를 것 같기도 한 상태로 일상을 살아가고 있을 확률이 높다. 그러므로 이러한 아리송한 여러 개념들을 명확히 짚고 넘어갈 필요가 있다.

생식세포의 존재 목적은 유전정보 전달이다. 유전정보는 DNA라는 분자로 구성된 독특한 언어 혹은 코드라고 이해하면 된다. DNA와 관련된 용어 중 일상생활에서 쉽게 들을 수 있는 단어를 언급해

보면 다음과 같다. DNA, 유전자, 유전체, 게놈, 염색체 등등. 떠올리기만 해도 멀미가 날 정도로 머리가 아픈 단어들이다. 하지만 하나씩 차근차근 살펴보면 생각보다 쉽게 이해할 수 있다.

뉴클레오타이드와 DNA

아이들이 가지고 노는 레고 장난감을 예로 들면 이해가 쉬울 것 같다. 실제 레고 블록을 보면 수백 가지의 다른 모양으로 구성되어 있지만, DNA 세상에선 놀랍게도 아주 기본적인 블록 네 개만 존재한다. 그러므로 현실 세계의 복잡한 레고를 어렵지 않게 이해하고 있다면 DNA 세상의 레고 정도는 충분히 이해하고도 남을 것이다.

먼저, 네 개의 레고 블록을 통칭하여 뉴클레오타이드^{Nucleotide}라고 부른다. 각 블록의 기본 생김새는 같다. 다만 염기^{Base}라고 부르는 한쪽 팔 부분에서 조금씩 다르게 생겼기 때문에 그에 따라 이름도 다르다. 생물학자들은 이렇게 서로 다른 염기 부분의 이름을 따서 네 가지 뉴클레오타이드의 이름을 A, T, G, C 네 개의 알파벳으로 간단히 표시한다. 약자가 아닌 공식명은 다음과 같다. 편의상 염기의 이름을 나열해 보면, A =Adenine^{아데닌}, T =Thymine^{타이민}, G =Guanine^{구아닌}, C =Cytosine^{사이토신}이다. (이 염기들이 어떤 순서로 줄을 서느냐에 따라 유전 정보가 달라진다.)

이 네 개의 뉴클레오타이드는 레고 블록처럼 자유롭게 서로 연결

될 수 있으나, 여러 방향이 아닌 오직 일렬로만 연결 가능하기 때문에 레고보다 훨씬 더 이해하기 쉽다. 연결 순서에 있어서는 모든 조합이 가능하다. 예를 들어, 두 개의 뉴클레오타이드로 이루어진 조각이라면 AA, AT, AG, AC, TA, TT, TG, TC, GA, GT, GG, GC, CA, CT, CG, CC, 이렇게 총 16(4의 제곱승)가지의 서로 다른 경우의 수가 존재할 수 있다. 그렇다면, 세 개의 뉴클레오타이드 조각이라면 어떻게 될까? 고등학생 때 배운 중복순열을 기억하는 사람이라면, '4의 세제곱승'을 해서 총 64가지의 서로 다른 경우의 수가 존재한다는 사실을 쉽게 계산해낼 수 있을 것이다. 물론 우리의 여행에 이런 계산법은 대단히 중요한 일은 아니다.

다만, 꼭 기억해야 할 사실은 연결된 뉴클레오타이드 조각의 길이가 길어질수록 서로 다른 경우의 수가 기하급수적으로(4의 n제곱승) 늘어난다는 점이다. 이렇게 만들어진 각 경우의 수가 유전자 안에서 벌어지게 되면 각기 다른 유전정보를 전달할 수 있는 가능성을 갖게 된다. 단 네 개의 레고 블록으로 어떻게 인간의 고급 유전정보를 표현하고 전달할 수 있냐고 의아해 했던 사람들은 아마 이제 그에 대한 답을 얻었으리라 생각한다. 단 네 개의 뉴클레오타이드만으로도 엄청나게 많은 수의 서로 다른 정보를 전달할 수 있게 된다는 사실을 알게 되었으니 말이다. 컴퓨터가 0과 1로 모든 정보를 변환하여 이해하듯이, 우리 몸의 모든 유전정보는 A, T, G, C 네 가지로 변환하여 저장한다고 하면 쉽게 이해가 될 것이다. DNA 세상에는 DNA 세상만의 언어가 존재하는 것이다.

레고 세상에서 가장 기본이 되는 단위가 레고 블록이듯이, DNA 세상에서 가장 기본이 되는 단위는 단 네 개의 뉴클레오타이드라는 사실을 알게 되었으니, 이제 우린 DNA, 유전자, 유전체, 염색체가 무엇인지 어렵지 않게 이해할 수 있을 것이다. 간단히 말해서 DNA는 뉴클레오타이드가 일렬로 연결된 사슬과도 같은 단일 구조물이라고 표현할 수 있다. 물론 기본 레고 블록인 네 개의 뉴클레오타이드만으로 이뤄진 가닥이며 순서는 무작위적이다. 단지 한 가지 더 유념해야 할 점이 있는데 DNA는 한 가닥이 아니라 두 가닥이라는 사실이다. 로잘린드 프랭클린Rosalind Elsie Franklin, 제임스 왓슨James Dewey Watson, 프랜시스 크릭Francis Harry Compton Crick에 의해서 처음으로 밝혀진 DNA의 구조는 이중나선이었다. 아마 어디선가 두 가닥으로 형성된 긴 뉴클레오타이드 사슬이 나선계단 모양으로 그려진 삼차원 구조의 그림을 한 번쯤은 보았을 것이다.

우리가 다음으로 던져야 할 질문은 "두 가닥은 서로 어떤 관계에 있을까?" 이다. 여기에서도 우리가 이미 아는 네 개의 뉴클레오타이드의 성질 하나만 더 알면 답을 할 수 있다. 두 가닥은 서로 상보적(특이적인 결합 상대를 갖는)인 관계에 있다. 화학적인 구조 상 결합 파트너로 삼을 수 있는 뉴클레오타이드가 정해져 있는 것이다. 이런 이유로, 한 가닥의 뉴클레오타이드 염기서열(유전자를 구성하는 염기의 순서)을 알면 반대편 가닥의 염기서열을 알 수 있다. A는 항상 T와 결합하고, G는 항상 C와 결합한다는 규칙이 존재하기 때문이다. 예를 들어, 한 가닥의 염기서열이 만약 ATGC 라면, 반대편 가닥의 염기서열은 TACG 가 되어야 한다. 만약 여기서 이 규칙이 깨지게 되면, 그 사건을 돌연변이^{Mutation}라고 부르게 된다. 지금까지의 내용을 한마디로 정리해 보면 DNA는 상보적인 두 뉴클레오타이드 가닥이 이중나선구조로 형성되어 있는 단일 분자이다. 그렇다면 이젠 DNA의 길이에 대해서 궁금해진다. DNA는 얼마나 긴 걸까? 그리고 길이가 DNA 정의에 영향을 줄까? 답은 길이는 전혀 상관없다는 것이다. 길든 짧든 모두 DNA라고 부른다. 단 두 개의 뉴클레오타이드로 이뤄진 두 가닥도 DNA이고, 수억 개의 뉴클레오타이드가 길게 연결되어 있는 경우도 DNA이다. 즉 DNA를 정의할 때는 기능보다 구조가 중요한 것이다.

염색체와 DNA

우리가 기본 상식으로 알고 있는 것처럼 인간의 염색체 수는 총 46개다. 상염색체^{Autosome} 44개와 성염색체^{Sex Chromosome} 2개로 구성 되어 있고, 상염색체는 1번부터 22번까지 번호가 매겨져 있다. 그런데 총 개수가 44인 이유는 엄마와 아빠로부터 각 번호에 해당되는 상염색체를 하나씩 물려받았기 때문이다. 그래서 1번 염색체가 두 개, 2번도 두 개, 이런 식으로 44개의 상염색체가 구성된다. 반면, 성염색체는 X와 Y로 표현된다. 여자는 XX, 남자는 XY이다. 역시 하나는 엄마로부터 전해졌고 다른 하나는 아빠로부터 전해진 것이다.

그렇다면 자녀의 성별을 언제 알 수 있을까? 아이를 낳아본 경험이 있는 부모라면, 임신 후 16주 전후 정도라고 대답할 것이다. 그때쯤이면 산부인과에 가서 초음파 사진으로 아이의 생식기를 육안으로 확인할 수 있기 때문이다. 그러나 이렇게 초음파로 확인하는 것은 우리 육안으로 확인할 수 있는 기술적인 차원의 대답이지 생물학적인 대답은 아니다. 태아의 성별은 수정되는 순간 결정된다. 다만 우리 눈으로 확인할 수 있는 방법이 없을 뿐이다.

생식세포는 체세포에 비해 절반의 DNA를 가진다. 즉 46개가 아닌 23개다. 그리고 수정 될 때 다시 온전한 DNA 수, 즉 46개가 된다. 체세포 분열의 경우는 분열하기 전에 먼저 DNA를 복제하기 때문에 만들어진 두 개의 세포는 동일한 수의 DNA를 가진다. 그러나 생식세포의 경우는 DNA를 복제한 이후 한 번이 아니라 두 번 연이어 분열하기 때문에 만들어진 네 개의 세포는 결과적으로 절반의 DNA를 갖게 된다. 그러므로 여자의 경우 생식세포인 난자가 만들어지면 예외 없이 항상 X 염색체 하나를 갖게 되지만, 남자의 경우 생식세포인 정자는 두 가지 경우의 수가 생겨난다. 절반의 정자는 X 염색체를, 다른 절반의 정자는 Y 염색체를 갖게 되는 것이다. 그래서 X와 Y, 둘 중 어느 성염색체를 가진 정자가 난자와 수정하게 되는지에 따라 태아의 성별이 결정된다.

그렇다면 염색체란 무엇일까? DNA와 무슨 관계가 있을까? 한 마디로 염색체는 DNA이다. 그러나 DNA는 염색체가 아니다. 즉 염색체는 DNA라는 구조물로 되어 있는 단일 분자이다. DNA가 염색체로 세포의 핵 안에 존재하고 있다고 생각하면 이해가 훨씬 수월할 것이다. 물론 히스톤^{Histone}이라는 단백질이 DNA와 결합하여 염색체의 전체 구조를 함께 이루고 있지만 말이다. 인간의 경우 성염색체를 포함하여 총 23개의 서로 다른 염색체는 염기서열은 물론 길이도 제각기 다르다. 짧은 염색체는 약 5천만 개의 뉴클레오타이드 가닥으로 이루어진 반면, 긴 염색체는 약 2억 5천만 개의 뉴클레오타이드 가닥으로 이루어져 있다. 그리고 46개 염색체를 이루는 뉴클레오타이드 수를 다 합치면 약 60억 개 정도가 되며(30억 개의 한 쌍), 모두 일렬로 세운다고 가정할 때 실제 길이는 약 2미터 정도가 된다. 어마어마한 양과 길이를 가진 DNA가 현미경이 없으면 잘 보이지도 않는 조그만 하나의 세포, 나아가 그 세포 안에서도 아주 작은 공간을 차지하는 핵 안에 존재하고 있다는 사실은 정말 생각만 해도 경이롭다. DNA가 핵 안에서 얼마나 잘 응축되어 있는지 어렵지 않게 예측할 수 있다.

유전자와 게놈

이제 우린 DNA도 알고 염색체도 안다. 그런데 도대체 유전자는 무엇일까? 너무 익숙해서 마치 잘 알고 있는 것처럼 여겨지는 용어 중 하나는 '유전자'라는 단어일 것이다. 아이러니하게도 '유전자'에 대한 정의는 생물학자들 사이에서도 아직까지 명확하고 구체적으로 내려지지 않았다. 두루뭉술한 정의에 그치고 있을 뿐이다. 일반적으로 알려진 유전자의 정의는 다음과 같다.

"유전 형질을 나타내는 원인이 되는 인자"

이 정의를 보고 유전자를 이해하는 것은 쉽지 않다. 오히려 더 어렵다고 느껴질 수 있다. 한국말인데도 무슨 뜻인지 명확하게 이해할 수 없을 것이다. 이유는 두 가지 때문이라고 생각한다. 21세기에 접어든 지 20년이 지난 지금도 여전히 유전자의 정의를 자로 재듯 깔끔하게 내릴 수 없다는 사실과 아직도 유전자가 무엇인지 정확히 모른다는 사실이다. 놀랍지 않은가? 그러니 생물학을 전공하지 않은 사람이 유전자의 정의를 잘 모른다는 것은 전혀 이상하거나 부끄러워 할 문제가 아니다. 생물학자들 사이에서도 구체적이지 않은, 다분히 모호한 개념으로 유전자를 정의하고 있으니 말이다.

그래도 우리는 지금까지 과학자들이 연구한 유전자의 정의에 대해 한 번은 살펴볼 필요가 있다. 먼저 '형질'을 '고유한 특징' 정도로 이해한다면 '유전 형질'은 '유전적으로 물려받는 고유한 특징'으로 이해할 수 있다. 그렇다면 유전 형질을 나타내는 '원인'은 무엇일까? 이 질문을 바꿔서 해보면 "무엇이 유전 형질을 나타내는가?"라고 할 수 있다. 불과 수십 년 전까지만 해도 유전자는 '단백질을 만들어 내는 DNA 조각' 정도로 이해되고 있었다. 오직 단백질만이 유전 형질을 나타낸다고 알고 있었기 때문이다. 우리도 조금 뒤에 자세히 살펴보긴 하겠지만, DNA는 RNA를 합성하고 RNA는 단백질을 합성해내는 템플릿^{주형, 鑄型}이 된다. 센트럴 도그마^{Central Dogma}라고 부르는 이러한 과정에서 최종 결과물이 단백질이기 때문에 DNA는 오로지 단백질 합성에 필요한 물질일 뿐이었다.

그러나 과학이 급속도로 발전하면서 생물학자들은 단백질 말고도 DNA에서 최종적으로 생성되는 다른 물질이 존재한다는 사실을 알게 되었다. 가령, 중간 생성물에 불과하다고 여겼던 RNA가 그 자체로서 기능을 한다는 사실과 애초부터 단백질 합성을 위한 템플릿으로 사용되지 않을 DNA에서 마이크로 RNA가 만들어져서 여러 단백질을 조절하고 있다는 사실 등을 알게 되었던 것이다. 약 십여 년 전부터는 마이크로 RNA의 연구가 활발해졌고 어떤 특정 마이크로 RNA의 돌연변이나 비정상적인 발현이 질병의 원인이 될 수도 있다는 사실도 속속들이 밝혀지고 있다. 단백질이 아닌 RNA가 유전 형질을 나타낸다는 사실을 알게 된 것이다.

이렇게 연이은 발견으로 인해 유전자의 정의는 조금씩 바뀔 수밖에 없었고, 또한 아직 다 밝혀지지 않은 부분이 존재한다는 사실을 알고 있기 때문에 여전히 칼로 두부 자르듯 명확한 문장으로 나타낼 수 없다. 예전에는 단백질을 만들 때 템플릿으로 사용될 DNA 부분만이 유전자라고 이해했었지만, 지금은 단백질 말고도 여러 형태의 RNA가 유전 형질을 나타낼 수 있다는 사실을 알게 되었고, 단백질이 아닌 물질들을 만들 때 템플릿으로 사용될 DNA 부분도 유전자라는 정의 안에 포함시켜야 하는 상황에 이른 것이다.

구조적으로 볼 때 유전자는 염색체의 극히 일부분에 해당되는 DNA이다. 반면 전체 DNA는 유전체Genome, 게놈라고 부른다. 인간 게놈 프로젝트Human Genome Project 덕분에 인간이 가진 모든 DNA의 염기서열을 알게 되었고, 그 결과 전체 유전자 수를 대충 파악할 수 있게 되었다. 그러나 아직도 정확한 유전자 수는 모른다. 모든 유전자를 다 발견하지도 못했고, 발견한 유전자의 기능을 다 파악하지도 못했기 때문이다. 현재까지 밝혀진 바에 따르면 총 유전자 수는 약 2만~2만 5천 개 정도 되리라 예측하고 있다.

염색체의 길이도 모두 다르다. 쉽게 계산하기 위해 23쌍의 염색체 길이가 모두 같다고 가정을 해보자. 그리고 각 염색체가 가진 유전자의 수도 동일하다고 가정해보자. 또한 편의상 총 유전자 수를 2만 3천 개라고 가정해보자. 그렇다면 염색체 하나 당 1천 개의 유전자를 가지고 있는 셈이다. 실제로는 염색체 당 수백~수천 개의 유전자가 놓여 있다. 앞서 살펴본 염색체 길이와 연결시켜 보면, 단백질을 합성하는 템플릿에 해당하는 DNA와 단백질 합성에 사용되지 않는 DNA의 비율을 계산할 수 있는데, 생물학자들의 계산 결과를 보면, 전체 DNA(유전체=Genome=게놈)에서 약 1% 정도만이 단백질 합성에 이용될 DNA라는 사실을 알 수 있다.

그렇다면 약 99%의 DNA는 도대체 우리 몸 안에서 무슨 역할을 하는 것일까? 그들의 존재 목적은 무엇이며, 유전자를 이루는 DNA와 어떤 관계에 놓여 있는 것일까? 앞서 언급한대로 유전자가 단백질 합성에 관계되는 DNA 부분만으로 정의 내려졌을 때, 99%의 DNA는 필요 없는 부분이라고 여긴 적도 있었다. 그래서 공식적으로 '정크 DNA Junk DNA'라는 단어도 사용되었다. 그러나 비교적 최근에 99% 안에서 '마이크로 RNA'의 존재가 발견되면서 '정크 DNA'라는 단어는 점점 사라지게 되었다. 압도적인 양을 차지하는 99%의 DNA는 필요 없는 쓰레기가 아니라 아직 인간이 그 존재 목적과 이유를 모르고 있다는 점을 일깨워줄 뿐인 것이다. 이 말은 인간 게놈 프로젝트를 끝내고 모든 유전체의 염기서열을 알게 되었음에도 불구하고, 여전히 우리는 DNA에 대해서 아는 부분이 미비하다는 뜻이다. 앞으로 더 밝혀야 할 생명의 비밀이 여전히 우리 앞에 산재해 있다.

DNA 복제

우리는 낯설고 복잡하다고 느껴졌던 DNA 세상을 여행하며 이해해 나가고 있다. 자녀가 누굴 더 닮았는지에 대한 궁금증을 풀기 위해 수많은 생물학 용어와 개념들을 살피고 있다. 다시 한 번 간략하게 정리해 보면 세포 자체만으로 판단할 때 정자보다 난자가 수정란에 기여하는 비율이 압도적으로 높았다. 수정이 되어 둘이 하나로 합쳐진다는 생물학적인 의미는 세포 융합이 아닌 핵융합, 즉 정자의 핵과 난자의 핵이 하나로 합쳐지는 사건이었다. 핵은 DNA가 위치한 세포 안의 중요한 소기관이며, 인간의 경우 전체 DNA, 즉 유전체 혹은 게놈은 세포의 핵 안에서 총 46개의 염색체 형태로 존재한다. 각 염색체는 길이도 다르고 보유하고 있는 유전자도 다르다. 전체 DNA의 약 1%에 해당하는 부분만이 단백질을 합성할 템플릿으로 사용된다. 그러나 단백질 합성과 상관이 없는 99%의 DNA 부분은 필요 없는 게 아니라 아직 그 존재 목적과 이유를 우리가 파악하지 못하고 있을 뿐이다. 십여 년 전부터 활발하게 연구되고 있는 마이크로 RNA 분야는 이에 물꼬를 틀고 있다. 이렇게 정리한 내용이 이해가 간다면 지금까지의 여행을 알차게 즐기고 있다는 증거일 것이다.

이제는 DNA의 복제에 대해서 살펴보려고 한다. 상식적으로 생각해도 세포가 분열하여 두 개의 세포가 되기 전에는 DNA가 먼저 두 배로 복제되어야 할 것이다. 그러지 않으면 세포가 분열할 때마다 DNA는 계속 절반씩 줄어들게 될 것이기 때문이다. DNA 복제란 이 모든 DNA 그러니까 모든 염색체, 다시 말해 유전체 혹은 게놈을 복사하여 두 배로 증폭시키는 과정이다. 조금 더 자세히 설명하면, DNA 복제는 두 가닥의 DNA가 복제되기 위해선 먼저 한 가닥씩 분리가 되어야 하고, 이렇게 두 개로 각각 분리된 한 가닥의 염기서열에 해당되는 상보적인 뉴클레오타이드(핵 안에 뉴클레오타이드들은 둥둥 떠다닌다)를 가닥 끝에서부터 하나씩 대응시키면서 다시 두 가닥으로 만드는 과정이다.

　DNA 복제가 중요한 이유는 유전 형질을 자손에게 정확하게 전달하기 위함이다. 콩 심은 데 콩 나고, 팥 심은 데 팥 나는 이유도 정확한 DNA 복제로 인한 유전 형질의 전달로 설명할 수 있다. 자녀가 엄마와 아빠를 닮는 이유 역시 마찬가지로 정확도 높은 DNA 복제를 설명하지 않고는 있을 수 없는 일이다. 즉 자녀가 엄마를 더 닮는지 아빠를 더 닮는지를 따지기 이전에, 적어도 우리의 자녀가 엄마 아빠가 아닌 전혀 모르는 사람을 닮지 않는 사실에 감사해야 할지도 모르겠다.

　DNA만이 아닌 유전자의 개념을 살펴봤으니, 우린 이제 '카라마조프적'이라는 표현에서 '표도르의 DNA'가 아닌 '표도르의 유전자'라는 조금 더 구체적인 해석을 할 수 있게 되었다. DNA의 모든 부분이 아닌, 전체의 약 1%에 해당하는 유전자 부분만이 가계에 흐르는 무언가를, 즉 유전형질을 나타낼 수 있기 때문이다. 그렇다면 그 1%에 해당하는 유전자 중 과연 카라마조프가에만 특이적인 유전자가 존재하는 것일까? 표도르는 가지고 있지만 그의 아내들은 가지지 않은 어떤 유전자가 과연 존재할 수 있는 것일까? 아닐 것이다. 표도르 역시 사람이므로 사람이라면 공통적으로 가지는 DNA와 유전자를 가진다. 그렇지 않다면 아내의 DNA와 결합할 수도 없고 수정이라는 과정 자체가 일어나지 않기 때문이다. 그렇다면 어떻게 '카라마조프적'이라는 표현을 이해할 수 있을까? 혹시 같은 유전자라도 다른 기능을 해서 그런 건 아닐까? 이를테면 돌연변이 유전자의 존재가 우리가 찾는 해답이 아닐까? 이에 대한 답을 위해 우린 다음 장에서 DNA의 돌연변이에 대해서 살펴볼 것이다.

반반이 아닐까?

표도르 파블로비치 카라마조프

『카라마조프가의 형제들』이라는 방대한 소설 속에는 수많은 작은 이야기가 넘실대지만, 가장 중심된 이야기의 정점에는 아무래도 표도르의 죽음이 위치한다고 봐야 한다. 그는 살해당했다. 그것도 끔찍한 친부 살해다. 자식에 의해 살해된 표도르는 추잡하고 방탕하고 탐욕스러운 졸부이자 여자와 돈에 눈이 먼 호색한이다. 그는 돈과 여자와 술이 인생의 전부인 사람으로 그려진다. 여기서 한 가지 짚고 넘어가야 할 점이 있다. 그는 돈 보다 여자와 술을 사랑했다. 순서가 중요하다. 돈을 벌기 위해 여자와 술을 가까이 한 게 아니라, 여자와 술을 가까이 하기 위해 돈이 필요했다. 돈에 눈이 먼 성공주의자들과는 차원이 다른 향락주의자에 가까웠다. 그러한 향락에 심취한 표도르는 자신만의 삶의 패턴을 유지하기 위해 수단과 방법을 가리지 않고 돈을 모으려고 한다. 그가 살해당한 직접적인 이유도 결국 여자와 돈을 향한 탐욕과 깊게 관련되어있다. 이 점은 우리가 '카라마조프적'인 것이 과연 무엇인지 파악하기 위해서 염두에 두어야 한다. 우리는 지금 문학적 맥락에 충실하면서도 생물학적 시선으로 카라마조프가에 흐르는 피의 정체와 그것의 유전을 탐색해나가고 있는 중이다.

표도르가 어떤 사람인지 언급할 때 돈과 여자에 대한 탐욕을 빼놓고는 설명하기가 불가능하기 때문에 이 부분에 대해서는 조금 더 살펴볼 필요가 있다. 저자 도스토예프스키도 소설의 시작 부분에서 이에 대해 집중적으로 조명한다. 마치 카라마조프가에 흐르는 피가 표도르의 '탐욕 DNA'에서 비롯된다는 것을 암시라도 하는 것처럼 말이다. 도스토예프스키가 언급하고 있는 표도르에 대한 설명을 따라가며 이 요상한 DNA에 대해서 조금 더 깊게 생각해보도록 하자.

돈 DNA

표도르는 특별히 물려받은 재산도 없었고 특별한 재능도 없었다. 그가 유일하게 잘 하는 것이라곤 돈을 긁어모으는 데 능수능란하다는 점이었다. 그는 땡전 한 푼 없이 시작했다. 남의 집 식객으로 떠돌아다니던 궁색한 처지였지만, 그가 죽을 땐 손에 10만 루블이나 되는 현금으로 쥐고 있었다. 참고로, 당시 러시아 화폐 루블의 가치는 정확하게 가늠하기는 어렵지만, 1루블은 약 1만7천 원 정도로 환산할 수 있다고 한다. 표도르가 죽을 때 다 쓰지 못하고 들고 있던 10

만 루블은 우리 돈으로 약 16억 원이 넘는 금액이었다는 계산이 나온다. 가히 엄청난 금액이었던 것이다. 금수저를 입에 물고 태어나지 않았으니, 나름대로 자수성가형이라고도 해석할 수도 있겠다. 그러나 그렇게 표현할 수만은 없는 이유는 그 많은 돈은 자기가 땀 흘려 번 것이 아니었기 때문이다.

그에게 처음으로 큰돈을 만질 수 있는 기회가 찾아온 건 그의 첫 번째 결혼이었다. 돈은 쓰고 싶으나 땀 흘려 돈 벌기 싫은, 게으르고 영악한 사람에게 로또처럼 단번에 부를 거머쥘 수 있는 가장 쉽고 현실적이며 합법적이기까지 한 방법은 아마도 부잣집 여자와의 결혼이었을지도 모른다. 표도르 역시 이런 쪽으로 잽싸게 머리가 돌아가지 않았나 싶다. 그는 돈 냄새 맡는 능력과 이해 타산적이고 이기적인 계산 하나는 끝내주게 빨랐던 것이다. 그리고 다행인지 불행인지 모르겠지만 운이 참 좋았다. 첫 번째 아내인 아젤라이다는 상당히 부유하고 명망 있는 귀족 집안의 딸이었다. 결혼 지참금으로 아젤라이다가 들고 온 돈은 약 2만 5천 루블에 이르는 금액이었다. 우리 돈으로는 약 4억 원이 넘는 금액이었다. 알다시피 평범한 월급쟁이 신분으로는 만져보기 힘든 돈이다. 표도르는 그녀가 부모로부터 지참금을 받아내자마자 곧바로 낚아채 버렸다. 또한 아젤라이다가 현금 이외에 지참금으로 받게 된 시골 마을의 시내에 있는 상당히 훌륭한 집 한 채의 명의마저도 표도르 자신의 것으로 바꿔놓으려고 온갖 노력을 다 했다. 무늬만 결혼이었지 표도르와 아젤라이다 사이에 사랑 따윈 처음부터 존재하지도 않았다. 표도르에게 결혼은 그저 큰돈을 거머쥘 수 있는 절호의 기회라는 의미 이외엔 아무것도 없었다. 아젤라이다는 남편 표도르에게 완전히 이용당한 셈이었다. 그렇다면, '카라마조프적'인 습성은 돈을 향한 탐욕을 말하는 것일까? 이에 대한 답하기 위해서는 네 아들을 한 명씩 살펴봐야 하겠지만, '카라마조프적'인 또 다른 습성 역시 의미심장하기 때문에 먼저 짚고 넘어가지 않을 수 없다. 그것들은 이름하여 광대 DNA, 호색好色 DNA, 무정無情 DNA 라고 표현할 수 있겠다.

광대 DNA

표도르와 아젤라이다의 결혼은 보란 듯이 파국으로 향한다. 예정된 수순이었다 해도 틀린 말은 아닐 것이다. 결혼 생활에 신물 난 아젤라이다는 어느 날 결심하고 집을 떠나게 되는데, 그때 그들 사이에서 태어난 아들 드미트리는 세 살밖에 되지 않았다. 이 사건에 대해 아젤라이다 입장에서 살펴보는 것은 조금 뒤로 미루고 여기선 표도르의 반응을 살펴보려고 한다. 육아라고는 단 한 번도 해본 적이 없고, 할 마음도 없으며, 자기는 마치 그런 짓 따위는 안 해도 되는 것마냥 생각했음직한 표도르는 어쨌거나 세 살배기 아들과 단 둘이 남겨지게 되었다. 만약 표도르가 평범한 사람이었다면 화를 내던지 슬

품에 잠기던지 둘 중 하나의 반응을 보였을 것이다. 그러나 그는 달랐다. 그는 이인異人이었다. 그는 순식간에 집 안을 창녀의 소굴로 만들고 술판을 벌였다. 축하 파티라도 하는 것처럼 말이다. 게다가 막간을 이용하여 마을 사람 모두에게 아내가 자기를 버렸노라고 눈물을 흘리며 하소연을 해댔다. 뿐만 아니라 사람들이 궁금해 하지 않았음에도 자신이 아젤라이다와의 결혼 생활에서 저지른 치부마저도 스스로 폭로했다. 그는 자기가 모욕 받은 남편이라는 처지를 우스꽝스럽게 드러내며 광대 노릇을 자처했던 것이다. 사람들은 그런 그를 이해할 수 없어 이렇게 물었다.

'자네, 그렇게 슬픈 일을 당하고도 이렇게 신이 나다니, 무슨 벼슬이라도 받은 모양이군? 정말로 어처구니가 없는 사람이지 않을 수 없네. 어지간해선 이해하기 힘든 인물임에 틀림 없어!'

또한 도망간 아내의 사망 소식을 전해들은 표도르는 거리로 뛰어나가 기쁨에 겨워 두 팔을 하늘로 치켜들고 "이제야 해방되었노라!"라고 외쳤고, 또 다른 소문에 따르면 어린아이처럼 큰 소리로 엉엉 울었다고도 한다. 표도르는 도무지 정체를 알 수 없는 인물이며, 만약 후자의 소문이 진실이었다 해도 과연 그 울음이 진짜였을지 아니면 연기였을지는 아무도 모를 일이다. 하여간 표도르는 혼자만의 어떤 독특한 사상에 경도되어(혹은 아무런 사상도 없이 무모하기만 했던 건지도) 주위 사람들의 시선을 아랑곳하지 않은 채 예상 밖의 행동을 스스럼없이 해대는 광대 노릇을 일삼았던 인물이었다.

그리고 그의 광대 짓은 수도원에서 모두가 모인 자리에서 마침내 빛을 발한다. 그는 조시마 장로와 그의 아들 앞에서 과장을 하며 마치 자랑하듯 허풍을 떨거나 반대로 자기 비하를 하는 행태를 서슴지 않고 드러냈기 때문이다. 그것도 다른 장소가 아닌 수도원에서 말이다. 사실 이 모임은 굳이 수도원에서 개최될 필요가 없었다. 모임의 목적은 그저 표도르와 첫째 아들 드미트리 사이의 골치 아프긴 하지만 어디까지나 사적인 재산 문제를 해결하기 위해서였다. 그런데 표도르는 그러기에 가장 좋은 장소로 다른 곳이 아닌 수도원을 선택했다. 어떤 이유에서인지 정확히는 모르지만 표도르는 엄숙한 분위기가 물씬 풍기는 수도원이 가장 적당하다고 판단했던 것 같다. 그는 수도원만이 가진 경건한 분위기를 존중하고 그것을 십분 활용하여 자신의 입장에 유리하게 만들려고 했던 것이다. 그럼에도 불구하고 결국 그 모임에서 표도르는 보란 듯 광대 짓을 하고 말았다.

그는 불청객과도 같았다. 본인도 그 사실을 잘 알고 있었음에도 불구하고, 본인의 행동이 어떻게 사람들로부터 평가 받을지 충분히 예상하고 있었음에도 불구하고, 즉흥적인 재치에 발동하여 어릿광대짓을 저지르고 말았다. 이로 인해 그 모임의 목적은 실패했으며 떨어질 곳 없는 그의 신용은 바닥을 뚫고 지하 심연으로 내려가게 되어 사람들로부터 경멸의 시선을 한 몸에 받게 되었다. 소설을 읽어보면 쉽게 느낄 수 있을 것이다. 그의 말과 행동은 경박하고 천박하고 파렴치했으며 이는 그가 어떤 사람인지 단박에 알 수 있는 단서가 되어준다. 이러한 표도르의 늙은 어릿광대짓은 유념해 두어야 한다. 이 광대 DNA가 그 아들들, 특히 드미트리에게도 비록 정도와 형태는 다르지만 그대로 발현되어 나타나기 때문이다.

호색 DNA

여자를 밝히는 색욕은 표도르를 묘사하는 데에 있어 빠질 수 없는 항목이다. 표도르 인생의 목적 중 하나임에 틀림없기 때문이다. 앞서 말했다시피 그의 죽음도, 그의 첫째 아들 드미트리와의 신경전도 여자를 성적으로만 탐하는 더러운 욕망과 직접적으로 관련되어 있다. 또한, 아젤라이다가 집을 떠난 직후 그가 벌인 짓이 창녀들을 집 안으로 끌고 들어왔다는 점, 나아가 두 번째 결혼 생활에서도 아내가 집에 있는데도 불구하고 수시로 창녀들로 집 안을 가득 채웠다는 점은 표도르가 여자에 대해 가졌던 사상이 어떠했는지 어렵지 않게 짐작할 수 있게 해준다. 성인이 되어 돈 문제로 아버지를 찾아온 첫째 아들 드미트리와 아버지 표도르는 그루셴카라는 한 여자를 두고 마치 서로 경쟁자라도 된 것처럼 설전을 벌인다. 아버지와 아들이

한 여자를 두고 벌이는 설전이라니, 이건 거의 막장 드라마와 다르지 않은 것처럼 보인다. 방탕한 표도르가 많은 돈을 손에 쥐게 되는 과정이 정의롭고 공정했을 리가 없고, 세 명의 여자로부터 네 명의 아들을 낳은 것만 봐도 그가 얼마나 문란했을지 충분히 짐작할 수 있다. 특히 정식으로 결혼하지도 않고 동네에 거지처럼 떠도는 리자베타라는 불쌍한 여자를 꼬드겨 임신을 시켰다는 건 표도르가 정말 인간 '말종'이라고 말할 수밖에 없는 부분이다. 결국 표도르는 그 사생아에 의해서 살해당한다. 인과응보인 것일까. 도스토예프스키는 왜 이러한 구도로 이야기를 전개했을까. 거기에 어떤 의미심장한 메시지가 있다 하더라도, 어쨌거나 겉으로 드러난 사건과 사고들은 우리네 막장 드라마에서나 나올 법한 이야기들과 다를 바가 없다. 돈, 여자, 살인, 출생의 비밀 등등의 막장 드라마가 가져야 할 주요 항목은 죄다 가지고 있으니 말이다. 그러나 오히려 이런 구도에서 도스토예프스키의 위대함을 잘 이해할 수 있다. 막장 드라마 같은 시궁창에서 인간의 본성을 꿰뚫는 대작을 만들어냈으니 말이다.

무정 DNA

그는 네 아들의 생물학적인 아버지이지만 생물학적인 이유를 제외하면 결코 아버지라고 할 수 없는 인물이다. 그는 네 아들의 육아에 단 한 번도 개입해 본 적이 없다. 아젤라이다가 표도르를 떠났을

무렵, 첫째 아들 드미트리는 고작 세 살배기 아이였는데, 그를 입히고 먹이고 키운 건 아버지인 표도르가 아닌 그의 충직한 하인 그리고리 바실리예비치였다. 이는 둘째 아내 소피아가 클리쿠샤라는 부인성 신경질환에 걸려 요절하고 나서도 마찬가지였다. 둘째 아들 이반과 셋째 아들 알료샤 역시 초기에는 그리고리가 자기 자신의 돈으로 키웠다. 사생아인 스메르쟈코프 역시 말할 것도 없이 그리고리가 키웠다. 어찌 이런 일이 가능할 수가 있을까? 자기가 낳은 아들들에게 어찌 아버지로서의 사랑을(적어도 의무적인 사랑이라도) 단 한 번도 주지 않을 수 있을까? 첫째 아들에게 사랑을 주지 않았기 때문에 공정함을 기하고자 나머지 세 아들들에게도 동일하게 대했단 말인가. 이런 말도 안 되는 논리까지 생각하지 않을 수 없는 이유는 도무지 일반적인 사람의 머리로는 표도르의 행동을 이해할 수 없기 때문이다. 그를 아버지라고 명하는 이유는 단지 생물학적인 이유밖에 없는 것이다. 아마도 그에게는 네 아들들이 자기가 함부로 뿌린 씨가 열매를 맺은 정도로밖에 여겨진 게 아니었을까, 하고 생각하면 정말 같은 인간으로서 수치스럽기까지 하다. 이러한 결핍된 사랑의 DNA, 이름하여 무정 DNA 역시 표도르를 설명하는 데에 있어 빠질 수 없는 항목일 것이다.

그렇다면 이런 '카라마조프적'인 특징이라 할 수 있는 돈, 광대, 호색, 무정 DNA는 생물학적으로 어떻게 이해할 수 있을까? 그리고 이는 우리가 부모님을 닮았는지 닮지 않았는지와 실제로 어떤 상관이 있기나 한 것일까? 재미있게도 이 질문은 일상생활에서 우리들이 함부로 넘겨짚는 잘못된 판단을 돌아보게 해 준다. 아버지와 아들 혹은 어머니와 딸이 비슷한 습성을 보이면 우리는 쉽게 생물학적인 유전으로 그 현상을 설명하려 들기 때문이다. 여기서 이 판단이 옳은지 옳지 않은지 아직은 명확하게 결론지을 수 없을 듯하다. 그런 DNA가 어떻게 오류 없이 자손에게 전달이 되는지, 과연 DNA만 오류 없이 전달이 되면 되는 것인지, 과연 DNA가 부모와 똑같은 자녀의 습성(유전적 형질)을 나타내는 최종 플레이어인지 좀 더 알아본 후 다시 답을 해야 하기 때문이다.

앞서서 우리는 수정란은 세포 융합이 아니라 핵융합으로 이루어진 줄기세포 중 줄기세포라는 것을 알게 되었다. 핵융합은 곧 정자가 가져온 23개의 염색체(1번부터 22번까지의 상염색체와 X혹은 Y의 성염색체)와 난자가 가지고 있던 23개의 염색체(1번부터 22번까지의 상염색체와 X 성염색체)가 완벽한 한 쌍을 이루어 정상적인 46개의 염색체를 가진 새로운 생명의 탄생을 알리는 시작이었다. 그래서 수정란만 따지고 보면 엄마와 아빠로부터 동일하게 염색체를 23개씩 물려받았기 때문에 자녀는 정확하게 엄마와 아빠를 반반씩 닮았다고 말할 수도 있을 것이다. 그러나 우리가 자녀라고 부르는 존재는 수정란 상태만을 지칭하는 건 아니지 않은가? 수정란이었던 아이는 엄마 뱃속에서 열 달 동안 자라면서 비로소 인간의 모습을 갖춘 채 세상으로 태어나고 계속해서 성장하고 성숙해 나간다. 이러한 발생, 성장, 성숙 과정을 세포학적인 관점에서 보면 무수히 많은 세포의 분열과 분화의 길고 긴 여정으로 설명할 수 있다. 평균적으로 성인이 가진 세포의 총 수는 약 37조 개 정도로 파악되고 있다. 우리가 자녀라고 부르는 존재는 당연히 수정란이라는 하나의 세포도 포함하지만 37조 개의 세포로 구성된 독립된 성인도 포함할 것이다. 바로 이 점에서 우린 진지하게 생각해 봐야 할 질문이 하나 있다. 과연 수정란 상태의 DNA와 성장이 멈춘 성인의 세포가 가진 DNA가 동일할까? 만약 동일하지 않다면 자녀를 엄마 아빠 반반씩 닮았다고 주장할 수 있을까?

DNA 복제 오류

만약 DNA만이 자녀가 부모를 닮는 데에 유일하게 중요한 요소라면 DNA 복제야말로 가장 중요한 과정일 것이다. 그런데 과연 DNA 복제 과정에는 아무런 실수가 발생하지 않을까? 만약 이 과정에서 100% 정확도가 유지되지 않는다면 세포가 분열할 때마다 돌연변이가 생겨나게 되고 그 결과로 자칫하면 질병이나 죽음을 초래할 수도 있을 것이다. 우리가 숨 쉬고 있는 지금 이 순간에도 우리 몸 안의 장기를 구성하고 있는 많은 체세포들은 DNA를 복제하고 있다. 다행스러운 점은 평균 '십억 뉴클레오타이드 당 하나' 정도의 확률로 오류가 생길뿐, 우리 몸 안에서 DNA 복제는 놀랍도록 정교하고 정확하게 일어난다는 사실이다. 앞서 언급했듯이 인간의 체세포 하나는 약 60억 개 정도의 뉴클레오타이드 가닥을 가진다. 복제 오류가 평균 '십억 개 당 하나'이므로, 한 번의 세포 분열 시 평균 6개 뉴클레오타이드가 잘못 복제될 가능성이 생긴다. 물론 어디까지나 확률은 확률이기 때문에 어떤 경우는 6개 이상의 오류가 생겨날 수도 있고, 또 어떤 경우는 오류 없이 복제가 100% 성공적으로 일어날 수도 있을 것이다. 그러나 한 가지 명확히 짚고 넘어가야 할 점은 복제 오류가 현저히 적다는 사실에 대한 우리의 올바른 이해다. 그 말은 오류가 드물게 일어난다는 말이지 결코 일어나지 않는다는 말이 아니기 때문이다. 그렇다. 우리 몸의 세포들은 아주 드물지만 끊임없이 실수를 거듭한다. 그렇다면 이 실수는 과연 부모로부터 자녀에게로 유전되는 현상에 어떤 영향을 주게 될까?

총 60억 개의 뉴클레오타이드로 이뤄진 게놈을 가진 인간의 세포는 종류에 따라서 사멸하기 전까지 분열 횟수가 다르다. 복제 오류가 '십억 개 당 하나' 정도에 불과하므로, 세포가 한 번 분열한다면 6개의 뉴클레오타이드만이 복제 오류가 생길 수 있지만, 두 번 분열하게 되면 오류가 일어날 확률이 '오억 개 당 하나'로 늘어나므로, 복제 오류 가능성은 현저히 증가하게 된다. 안타까운 사실은 우리 몸을 이루는 체세포들은 수정란을 시작점으로 본다면 적어도 수차례 이상 세포 분열을 경험하게 된다는 점이다. 그래서 결국 언제일지는 아무도 모르지만, 확률적으로 여러 번의 세포 분열을 거치면 복제 오류가 생기지 않을 수 없다. 우리 몸 안의 세포 수가 총 37조 개 정도로 파악되고 있고, 총 200여 가지의 종류로 구성되어 있으며, 세포마다 다르겠지만 많게는 평생 약 50번 이상의 분열을 거듭한다는 사실을 감안할 때, 우리 몸 안의 수많은 세포들은 그들 모두의 첫 시작인 수정란이 가졌던 DNA와는 확률상 100% 똑같을 수 없다는 결론에 이르게된다. 그럼에도 불구하고 암이나 기타 유전 질환에 걸리지 않고 비교적 건강하게 살아가는 사람 수가 그렇지 않은 사람 수보다 여전히 압도적으로 많기 때문에 DNA 복제 오류는 대부분의 경우 아무런 부작용 없이 우리 몸 안에서 처리되고 있는 것이다.

계산하기 쉽게 예를 들어보자. 만약 한 세포가 한 번 분열할 때 항상 6개의 뉴클레오타이드에서 오류가 생긴다고 가정한다면, 50번 분열한 세포는 300개의 뉴클레오타이드에서 오류가 생기게 될 것이다. 총 60억 개 중 300개는 약 0.000005% 정도밖에 되지 않으므로, 가장 많은 분열을 거친 세포라 할지라도 여전히 전체 DNA의 극히 일부만이 오류를 경험하게 된다고 볼 수 있다. 우리 몸 안의 DNA 복제 성공율이 100%는 아닐지라도 가공할 만큼의 정확도를 가지고 있음을 확인할 수 있는 것이다. 이는 다음 세대로 유전이 일어날 수 있는 아주 근본적인 배경이 되며, 자녀가 부모를 닮을 수 있는 가장 기본적인 근거가 된다. 닮음이란 실로 놀라운 것이다. 특히 DNA 복제 과정에서 오류가 전혀 없기 때문이 아니라, 오류가 엄연히 존재함에도 자녀가 부모를 닮게 된다는 점은 의미심장하기만 하다.

여기서 주의를 기울어야 할 점이 있다면, 복제 오류가 전체 DNA 중 어느 부분에서 일어날지에 대해서다. 앞서 살펴본 것 처럼 전통적으로 가장 중요한 부분이라 여겨졌고 여전히 중요한, 단백질 합성을 위한 템플릿으로 사용될 부분에서 복제 오류가 생겨버리면 단백질 합성에 문제가 생길 가능성이 높아진다. 비록 전체의 1% 정도밖에 차지하지 않는 부분이지만, DNA 복제 오류는 무작위적으로 발생하기 때문에 하필 그 1%의 부분에서 문제가 생겨날 가능성은 언제나 열려 있다. 생물학에서는 여전히 단백질이 어떤 기능을 담당하는 데에 있어 가장 중요한 요소이므로, 복제 오류로 인해 합성에 문제가 생긴 단백질이 정상적인 상태보다 과발현되거나 저발현, 혹은 전혀 발현되지 않게 되면 심각한 질병을 유발할 가능성까지 생겨난다. 저 유명한 안젤리나 졸리Angelina Jolie의 유방과 난소 절제 수술의 배경에는 BRCA2라는 단백질 합성이 일어나지 않는다는 가족력이 자리하고 있다. 또한 어떤 신호가 왔을 때만 활성화되어야 할 단백질이 아무런 신호 없이도 항상 활성화되면, 세포 내부의 신호 전달에 혼선을 빚을 가능성도 존재한다. 백혈병 중 하나인 T-cell Acute Lymphoblastic Leukemia^T-ALL 환자 중 50% 이상에서 NOTCH1 단백질의 과활성화가 보고되어 있다. 또한 잘 알려진 Sickle Cell Anemia^검상 적혈구 빈혈도 헤모글로빈 단백질을 만드는 템플릿이 되는 DNA에서 단 하나의 뉴클레오타이드가 잘못 되어 생기는 질병이다. 이런 오류로 인해 돌연변이가 생겨나고 유전까지 되면 세대를 따라 질병이 전달되는 가족력이 탄생하게 되는 것이다.

한편, 단백질 합성을 위한 템플릿이 될 DNA가 전체 1% 정도밖에 되지 않는다는 점은 다행스럽게 여겨지기도 한다. 복제 오류가 무작위라면 99%의 복제 오류는 예전엔 정크 DNA라고 불렀던 부분에서 발생하기 때문이다. 물론 지금은 정크 DNA가 쓸모없는 부분이 아니라는 사실을 조금씩 밝혀나가고 있지만, 그럼에도 여전히 1% 부분에서 DNA 복제 오류 발생 확률도 1% 이기 때문에 우린 어쩌면 99%의 DNA에게 감사해야 할지도 모른다. 만약 세포 분열마다 6개의 뉴클레오타이드에서 오류가 발생하게 된다면, 단백질 합성 템플릿으로 사용될 DNA에서 오류가 생겨날 확률 역시 1%, 즉 0.06개의 뉴클레오타이드만이 오류가 날 수 있기 때문이다. 이런 차원에서 우린 어쩌면 과거에 정크 DNA라고 불렀던 99%의 DNA의 존재 목적도 한 가지 알게 된 것인지도 모르겠다. 발생할 수밖에 없는 DNA 복제 오류를 감당하면서 세대 간 유전이 정상적으로 일어날 수 있도록 돕는 역할이 바로 정크 DNA의 역할일지도 모르기 때문이다.

DNA 수선

자, 여기서 놀라운 사실 한 가지를 언급해야 하는데, 누군가에겐 다행으로 여겨질지도 모르고, 또 누군가에겐 걱정거리로 여겨질지도 모르겠다. DNA 복제 오류에 관련해서다. 먼저, 다행으로 여겨질 수 있는 이유는 우리 몸이 DNA 복제 오류를 복원할 시스템을 갖추고 있다는 사실 때문이다. 반면, 걱정거리로 여겨질 수 있는 이유는 우리가 앞서 살펴본 '수십 억 개 당 하나'라는 오류 확률은 이미 복원 시스템이 작동하고 난 이후에 최종 계산된 값이기 때문이다.

우리 몸은 DNA 수선Repair 이라고 부르는 두 가지의 복구 시스템을 가진다. 첫째, '교정Proofreading'이라고 하는 시스템이다. 이는 DNA를 복제하는 과정에서 제대로 복제를 했는지 실시간으로 점검하는 과정으로 이해하면 된다. 둘째, '불일치 복구Mismatch repair' 라고 하는 시스템이다. 이는 DNA 복제가 완료된 이후 다시 점검하면서 오류가 생긴 부분을 복구하는 과정이라고 보면 된다. 2021년 현재 가장 업데이트된 정보에 따르면, 이 두 가지 복구 시스템이 없다면 DNA 복제 오류 확률은 '십만 개 당 하나'로 올라간다. 그런데 교정 시스템이 작동하기 때문에 오류 확률은 '천만 개 당 하나'로 줄어들고, 불일치 복구 시스템도 함께 작동하기 때문에 우리가 아는 '십억 개 당 하나'로 대폭 줄어든다. 두 복구 시스템의 존재로 인해 DNA 복제 시 오류가 생겨 돌연변이가 생겨날 확률을 만 배나 줄일 수 있는 것이다. 알고 보면 놀랍도록 정교한 DNA 복제율은 복제 과정 자체의 정확도보다는 복제 오류를 복구하는 시스템의 존재 때문에 가능하다고도 말할 수 있겠다.

그런데 만약 이러한 복구 시스템이 잘 작동하지 않으면 어떤 일이 벌어질까? 당연한 말이지만, DNA 복제는 매 세포 분열마다 수많은 돌연변이를 생성할 테고, 그것은 분명 게놈에서 1% 정도를 차지하는, 단백질 합성을 위한 템플릿으로 사용될 DNA에서 돌연변이가 생길 확률을 대폭 상승시키며, 그 결과로 그 단백질의 합성이나 기능에 문제를 야기하여 암이나 질병을 유발할 가능성을 증가시키게 된다. DNA 복구 시스템을 주로 담당하는 요소 역시 단백질들이기 때문에 이러한 단백질의 돌연변이는 상대적으로 치명적인 악영향을 초래한다고 볼 수 있다.

DNA 돌연변이

우리가 흔히 알고 있는 돌연변이라는 말을 제대로 이해하고 사용하기 위해서는 DNA에 대한 이해가 반드시 필요하다. 앞서 살펴봤듯이 세포 분열 전 DNA복제 과정에서 우리 몸은 두 가지의 훌륭한 복구 시스템을 갖추고 있음에도 불구하고 평균 '십억 개 당 하나' 정도의 뉴클레오타이드에서 실수를 저지른다. 그 실수는 전체 DNA의 99%에 해당하는, 단백질 합성을 위한 템플릿으로 사용되지 않는 부분에서 99% 벌어지게 된다. 그 결과 전체 DNA의 1%에 해당되는, 단백질 합성을 위해 템플릿으로 사용되는 DNA에서는 매 세포 분열마다 실수가 발생할 확률이 1% 밖에 되지 않는다. 그러므로 세포 분열마다 약 6개 안팎의 뉴클레오타이드에서 복제 오류가 발생한다 하더라도 확률상 99%는 특별한 이상 없이 세포가 존재할 수 있는 것이다.

그러나 확률은 확률일 뿐, 무작위적인 오류는 1%에서 발생할 수도 있다. 암이 발생하는 원인은 주로 두 가지를 일컫는다. 유전과 환경이다. 그런데 최근 연구 결과를 보면, 암의 발생 원인은 부모로부터 물려받은 유전력이나 건강에 나쁜 환경에 노출되는 이유보다는 무작위로 발생하는 DNA 복제 오류로 인한 돌연변이가 더 주요하게 작용하고 있다는 보고도 있다. 실제로 이 사실을 보고한 논문에서는 여러 암 환자의 추적 결과를 근거로 하고 있기 때문에 결과가 의미심장하다. 물론 그 논문에 사용된 모집단이 전체 인류를 그대로 대변하지는 않기 때문에 성급하게 일반화를 시킬 수는 없는 노릇이지만, 그렇다고 해서 아무런 의미가 없는 것처럼 무시할 수도 없기 때문에, 우리가 기존에 알고 있던 지식이 또 한 번 업데이트되어야 하는 시점이 아닌가 싶기도 하다. 그런데 만약 이게 사실이라면, 아이러니하게도 암 발생은 어떤 과학적인 원인이라기보다는 무작위적인 확률에 의해서, 말하자면 운에 좌우된다는 해석도 가능해진다. 위에서 설명했듯, 하필 DNA 복제 오류가 전체 DNA의 1%에 해당하는, 단백질 합성 템플릿으로 사용될 부분에서 발생했고, 하필 그 단백질이 암 발생에 기여를 하는 단백질이었다는 기가 막힌 우연의 산물로 인해 암이 생겨났다고 설명할 수 있기 때문이다. 이는 DNA 복제의 정교함이 얼마나 중요한지 또 한 번 알 수 있는 계기가 된다.

닮지 않았을까?

첫째 아내

눈치가 빠른 독자는 표도르가 어떻게 해서 귀족 집안 딸과의 결혼에 성공할 수 있었는지 의아할 것이다. 무일푼, 무능력, 거기에다 멍청하고 방탕하다고 소문난 남자와 평생 돈 벌지 않아도 먹고 살 수 있을 만큼 경제적으로 여유 있는 집안의 여자와의 결혼. 어찌 이게 가능하단 말인가. 게다가 아젤라이다는 외모가 아름답기까지 했으며, 기민하고 영리한 부류에 속했다. 누가 봐도 이 결혼은 그 이면에 무언가가 있었음을 짐작할 수 있을 법하다. 실제로 그랬다. 도스토예프스키는 이 결혼의 배경을 설명하며 뜬금없이 지난 세대의 낭만적인 한 처녀의 예를 든다. 그녀는 오로지 셰익스피어William Shakespeare의 오필리어를 닮고 싶었기 때문에 폭풍우 치는 밤 아름다워 보이는 절벽에서 강으로 뛰어내려 자살했다. 도스토예프스키는 아젤라이다 역시 이러한 낭만주의적인 사상 때문에 현실적인 부분을 고려하지 않고 때마침 그녀 앞에 나타난 표도르의 청혼을 받아들였다고 말한다. 더욱이 그 결혼은 도둑 결혼으로 치러졌는데, 이것이 그녀를 더더욱 매혹시켰다. 어찌 보면 표도르와 아젤라이다의 잘못된 결혼은 표도르의 영악함 때문이라기보다는 아젤라이다의 판단 오류 때문이라고 해석하는 게 더 적절할지도 모르겠다. 만약 표도르가 아닌 다른 남자가 나타났더라도 아젤라이다는 같은 판단을 내렸을 가능성이 농후하기 때문이다. 표도르의 청혼을 승낙한 이유도 표도르가 결혼하여 평생을 같이 살아도 될 만한 인물이라고 판단했다거나 그가 믿음직스러웠기 때문이 아니라, 단지 일탈적인 사건이 갖는 위험천만한 매력 때문이었을 테니까.

불행인지 다행인지 모르겠지만, 아젤라이다는 결혼 즉시 뭔가가 엄청나게 잘못되었다는 사실을 깨달았다. 자신의 남편을 향한 시선에는 경멸 이외엔 남은 게 없다는 것을 깨달았던 것이다. 그 결과 결혼 생활은 순탄할 수가 없었다. 주먹다짐도 있었는데, 놀랍게도 주먹을 휘두른 건 표도르가 아니라 아젤라이다였다. 도스토예프스키는 이 부분을 묘사할 때 아젤라이다를 '불같은 성미를 지닌 부인, 즉 얼굴색이 거무스름하고 용감무쌍하고 성질이 급하고 타고나길 남달리 힘이 셌던 여자'라고 표현한다. 아젤라이다의 특징을 이해하기에 상당히 의미심장한 말이 아닐 수 없다. 소설 속에는 이러한 특징이 아들 드미트리에게도 고스란히 전달되는 것처럼 묘사되기 때문이다.

아젤라이다는 결혼한 지 일 년째 되던 해에 아들을 낳았다. 알다시피 그 아들이 바로 드미트리이다. 표도르와의 결혼 생활을 도저히 참을 수 없었던 아젤라이다는 돌이킬 수 없는 결정을 내린다. 어쩌면 이건 시간 문제였는지도 모른다. 사랑하지도 않는 남편과 평생을 살아야 한다는 건 지옥과도 같았을 테니까 말이다. 그녀는 세 살배기 아들 드미트리를 남겨두고 표도르를 떠났다. 그것도 가난에 찌든 신학교 출신의 어느 한 교사와 함께 말이다(이것도 어쩌면 낭만주의적인 사상에 심취된 결정이었을지도 모른다. 한 번 실패한 일을 만회하기 위해 선택한 방법이 모양만 다를 뿐 똑같은 원리였다는 건 참으로 안타까운 일이 아닐 수 없다. 하지만 우리 역시 마찬가지 아닌가!). 그리고 어느 날, 표도르로부터 해방되어 자유를 누리며 페테르부르크에서 살고 있던 아젤라이다는 죽음을 맞이한다. 소문에 따르면 장티푸스 때문이라고도 하고 굶어 죽었다고도 한다. 가치 없는 죽음으로 생을 마감했다는 의미가 담겨있다고 읽을 수 있겠다. 금수저를 물고 태어났음에도 불구하고 아젤라이다의 삶은 비극적으로 결말지어졌다. 그녀는 낭만주의라는 거품 많은 사상에 스스로 갇히고 희생되었다고도 해석할 수 있겠다. 표도르와의 결혼은 그 비극적 삶으로의 첫 관문일 뿐이었던 셈이다.

그러나 한편으론 그렇게 떠날 수밖에 없었던 아젤라이다의 슬픔에 연민이 생긴다. 남편이 아무리 미워도 자기 배로 낳은 아들을 버리기까지 그녀는 얼마나 많은 심적 고통에 시달렸을까. 책에는 언급되어있지 않지만, 아젤라이다의 심리를 지면에 조금이라도 할애했다면 드미트리를 이해하는 데에 있어 조금 더 도움이 되지 않았을까 싶은 마음이 들어 아쉽기만 하다. 어쩌면 앞서 살펴본 DNA 복제 과정이 가공할 만큼 정교하게 일어남에도 불구하고 아주 적은 확률이지만 엄연히 오류가 발생한다는 사실은 '카라마조프적'인 것이 무엇인지에 대한 우리의 궁금증의 어떤 부분을 해소시켜주지 않았을까? 만에 하나, '카라마조프'라는 아직 밝혀지지 않은 유전자가 존재한다고 가정하더라도 과연 그 유전자가 완벽하게 복제되어 아무런 돌연변이가 없이 네 아들들에게 전달될 수 있었을까? 아들과 아버지가 닮았다는 이유만으로 가상의 유전자를 만들고 그 유전자에는 복제 오류가 절대 생기지 않는다는 가정을 해야만 하는 것일까? 과연 이게 타당한 생각일까?

태아가 발달하고 성장하고 성숙해가는 여정 중 수많은 세포 분열을 거듭하면서 DNA 복제 과정의 불가피한 오류로 인해 어쩔 수 없이 염색체의 어느 부분에선가는 염기서열이 바뀔 수밖에 없다. 그 결과 아이가 성장함에 따라, 나이가 들어감에 따라, 세포 분열을 거듭함에 따라, 하나의 세포가 가진 DNA는 수정란이 가진 DNA와 달라질 수밖에 없다. 엄밀히 말하자면, 수정란 상태를 벗어난 자녀는 점점 더 엄마와 아빠의 반반으로 이뤄졌다고 말할 수 없게 되는 것이다. 복제 오류는 무작위로 일어나기 때문에 만약 단백질 합성을 위한 템플릿으로 사용될 DNA에서 오류가 일어나고, 하필 그 부분이 암을 유발하는 유전자여서 자녀가 암에 걸리게 되면, 그 암에 걸린 자녀는 엄마나 아빠를 전혀 닮지 않은 표현형을 보이게 되는 셈이다. 이와 비슷한 경우는 얼마든지 상상할 수 있다. 암처럼 눈에 보이는 결과가 나타나지 않을 뿐 DNA 복제 오류는 끊임없이 염색체의 염기서열을 조금씩 바꾸고 있기 때문이다. 그렇다면 자녀는 엄마와 아빠를 닮지 않은, 그러니까 자녀만의 독립적인 모습을 가질 수 있다는 말인가?

이 질문과 그에 대한 답을 조금 더 깊이 이해하기 위해 우리가 다음으로 여행할 곳은 분자생물학의 꽃이라고 할 수 있는 센트럴 도그마라고 부르는 과정이다. 센트럴 도그마는 DNA로부터 RNA를 거쳐 단백질을 합성하는 과정을 통칭하는 용어로써 뉴클레오타이드로 이루어진 DNA 세상의 언어가 아미노산으로 이루어진 단백질 세상의 언어로 번역되는 놀라운 과정을 포함한다.

센트럴 도그마 DNA → RNA → 단백질

DNA가 중요한 가장 큰 이유는 유전형질을 전달하는 근원이 되는 인자이기 때문이며, 무엇보다 DNA 자체로는 기능이 없지만 전체 1%를 차지하는 DNA가 템플릿이 되어 단백질이 합성되기 때문이다. 다시 말해, DNA는 단백질이나 RNA를 합성하는 템플릿이 될 수 있는 유일한 분자이기 때문에 유전자라는 정의에서 가장 중요한 가치를 지니는 것이다.

센트럴 도그마라고 부르는 과정은 DNA에서 단백질이 합성되는 일련의 과정을 통칭한다. 여기서 알아두어야 할 중간 매개체는 바로 RNA라는 핵산이다. DNA가 단백질이 되기 위해서는 RNA 단계를 거쳐야만 한다. RNA는 DNA와 아주 흡사하다. 뉴클레오타이드로 이루어진 사슬구조를 가진다. RNA와 DNA의 같은 점을 논하는 것보다는 세 가지 큰 차이점을 파악하는 편이 RNA를 쉽게 이해하는 데에 더 도움이 될 것이다.

첫째, DNA가 두 가닥인데 반하여 RNA는 한 가닥이다. 둘째, RNA 역시 뉴클레오타이드를 기본 블록으로 가지지만, DNA가 네 가지 서로 다른 염기를 가진 뉴클레오타이드인 A, T, G, C로 이루어지는 반면, RNA는 A, U, G, C로 이루어진다. 한 마디로 T[Thymine] 대신 U[Uracil]가 사용되는데, 이는 RNA의 특이적인 뉴클레오타이드라고 할 수 있겠다. U와 상보적인 뉴클레오타이드는 T의 상보적인 뉴클레오타이드와 동일하게 A이다. 셋째, 뉴클레오타이드를 이루고 있는 부분 중 기본 뼈대라고 볼 수 있는, 탄소 다섯 개로 이루어진 당

오탄당의 구조가 약간 다르다. RNA의 경우 다섯 개의 탄소 중 두 번째 탄소에 산소 원자가 연결되어 있는 반면, DNA는 산소 원자가 없다. DNA라는 이름에서 D는 Deoxy, 즉 '산소가 없다'라는 뜻이다. 그래서 엄밀히 말하자면, RNA를 구성하는 뉴클레오타이드와 DNA를 구성하는 뉴클레오타이드는 각각 이름이 라이보뉴클레오타이드Ribonucleotide, 디옥시라이보뉴클레오타이드Deoxyribonucleotide라고 명명한다.

전사 DNA → RNA

그렇다면 RNA의 생성은 어떻게 이루어지는 것일까? DNA에서 RNA가 생성되는 과정을 전사Transcription라고 부른다. 앞서 살펴본 DNA 복제 과정을 떠올려 비교하면 이해하기 훨씬 수월하다. 먼저 공통점은 DNA가 템플릿으로 사용된다는 점, 상보적인 뉴클레오타이드를 대응시키면서 연결하는 작업이라는 점이다. 그러나 차이점이 더 중요한데 다음과 같다. 첫째, DNA 복제 과정에서는 먼저 두 가닥으로 이뤄진 DNA를 한 가닥으로 한 쪽 끝에서부터 떨어뜨린 뒤, 각 가닥에 상보적인 뉴클레오타이드를 갖다 붙이면서 계속 연결시켜 나갔다. 결과적으로 두 가닥의 동일한 DNA가 두 개, 즉 한 쌍이 생겨났었다. 하지만 전사 과정은 조금 다르다. DNA 두 가닥을 한 가닥으로 떨어뜨리는 과정이 존재하긴 하지만, 전사의 목적이 염색체 전체를 복제하는 게 아니라 단백질 합성을 위한 중간 매개체인 RNA를 합성하는 것이므로, DNA 전체가 아닌 단백질 합성 템플릿으로 사용될 일부 DNA에서만 이 과정이 벌어진다. 결과적으로 99%에 해당하는 DNA에서는 전사 과정이 거의 일어나지 않는다고 이해하면 된다. 물론 99%의 DNA에서도 마이크로 RNA와 같은 논 코딩non-coding RNA가 생성되기 때문에 DNA 두 가닥을 한 가닥으로 떨어뜨리는 과정이 전혀 일어나지 않는다고 할 수는 없겠지만, 마이크로 RNA의 길이 자체가 워낙 짧고 다른 논 코딩 RNA 길이도 상대적으로 짧기 때문에 기다란 전체 DNA에서는 무시해도 된다. 즉 전사 과정은 아무 곳에서나 일어나지 않고 특정 구역에서만 일어난다. 둘째, DNA 복제 과정에서는 서로 떨어진 두 가닥이 모두 템플릿으로 사용되지만, 전사 과정에서는 둘 중 한 가닥만이 템플릿으로 사용된다. 이렇게 하여 생성된 RNA를 mRNA라고 부른다. 여기서 m은 영어 단어 messenger의 첫 번째 스펠링이다. DNA와 단백질을 잇는 중간 다리로 정보 전달자 역할을 하기 때문에 지어진 이름이다.

번역 RNA → 단백질

RNA 자체가 최종 결과물인 몇몇 특수한 경우를 제외하곤 전사 과정에 의해 생성된 mRNA는 모두 단백질 합성을 위한 직접적인 템플릿으로 사용된다. RNA에서 단백질이 생성되는 과정을 번역 Translation이라고 부른다. 우리가 다른 나라 언어를 번역한다고 할 때 사용하는 영어 단어와 같다. DNA와 RNA는 모두 뉴클레오타이드를 기본 블록으로 하는 핵산이라는 분자이지만, 단백질은 전혀 다른 그룹에 속한 분자이기 때문에, 서로 다른 인간의 언어 사이에서 번역이 필요하듯 핵산의 언어에서 단백질의 언어로 변환하는 과정이 필요한 것이다. RNA 전사 과정은 DNA 복제 과정과 유사한 면이 많아서 이해하기가 한결 수월했다. 그러나 번역 과정은 전혀 다른 차원의 이야기다. 생명 현상이 가진 신비한 사실 중 단연 압권을 차지할 부분이 아닐까 싶다.

번역 과정에서 가장 중요한 역할을 하는 주인공은 단연 tRNA라는 분자이다. tRNA는 RNA 자체로 완전한 기능을 담당하는 특수한 부류에 속한다. 놀랍게도 tRNA는 단백질의 기본 블록이 되는 아미노산Amino Acid과 결합할 수 있는 능력을 가지고 있다. 아미노산과 결합한 tRNA가 DNA에서 전사된 mRNA 가닥과 결합을 하여 단백질 합성이 일어나게 되는 것이다. 이름에서 알파벳 t는 '이동' 이라는 의미의 영어 단어 transfer의 첫 번째 스펠링을 따온 것인데, 핵산 세계의 언어가 아닌 단백질 세계의 언어인 아미노산을 하나씩 넘겨주면서 일렬로 사슬을 이루도록 돕는 어댑터 역할이기 때문에 이 단어가 이름으로 붙여졌다.

핵산인 mRNA 가닥이 템플릿으로 사용되어 단백질이 합성되며, 이 둘을 연결시켜주는 어댑터가 tRNA라는 사실을 알았다. 그런데 어떤 기작으로 핵산의 언어가 단백질의 언어로 번역이 되는 것일까? tRNA의 어댑터 역할의 메커니즘은 무엇일까?

우리는 이 질문에 답하기 위해서 먼저 코돈Codon이 무엇인지 알 필요가 있다. 코돈은 세 개의 뉴클레오타이드가 한 묶음으로 된 일련의 코드다. 이를테면, AUG, UGC, GCA, CAU 등이다. RNA는 DNA와 달리 A, U, G, C를 기본 블록으로 사용하고, 이 네 가지 뉴클레오타이드로 만들 수 있는 모든 가능한 코돈의 수는 수학적으로 계산해보면 4의 세제곱승이므로 총 64개가 될 것이다.

하나의 코돈은 각각 중요한 의미를 가진다. 그런데 여기서 한 가지 의문이 생긴다. 아미노산의 숫자가 20개밖에 되지 않기 때문이다. 코돈은 64개인데 그에 대응하는 아미노산은 20개라니, 이건 무엇을 의미할까? 눈치 빠른 분들은 벌써 알아챘을지도 모르겠지만, 이렇게 코돈의 숫자와 아미노산의 숫자가 일치하지 않는 이유는 첫째, 하나의 아미노산과 대응되는 코돈이 하나가 아니라 여러 개이기 때문이다. 그리고 이를 생물학자들은 중복성Degeneracy이라고 명명한다. 둘째, 64개 중 3개의 코돈은 아미노산과 대응하지 않고 번역 과정을 중지하라는 명령어 역할이기 때문이다. 즉 64개의 코돈 중 61개만 아미노산과 대응하는 것이다. 그런데도 좀 이상하다. 바로 61

이 20의 배수가 아니라는 점이다. 만약 하나의 아미노산과 대응하는 코돈이 세 가지가 있다고 가정하면, 코돈 숫자가 61이 아닌 60이 되어야 할 것이다. 그러나 이렇게 가정하게 된 이유는 우리도 모르는 사이에 각 아미노산과 대응하는 코돈의 숫자가 모두 동일해야 한다는 전제가 있었기 때문이다. 이 전제는 틀렸다. 20개의 아미노산 중 아르기닌Arg, Arginine, 루신Leu, Leucine, 세린Ser, Serine은 각각 서로 다른 6가지 코돈이 대응하며, 메티오닌Met, Metionine, 트립토판Trp, Tryptophan 은 각각 단 한 가지의 코돈과 대응한다. 아미노산에 따라서 대응하는 코돈의 숫자는 모두 제각기인 것이다. 시스템이 이런 방식으로 디자인된 정확한 이유는 아직 생물학자들도 모른다. 인간은 발견, 분석, 해석할 뿐 이런 규칙을 만든것은 아니기 때문이다.

코돈의 의미를 이해했으니 다시 tRNA로 돌아가 보자. tRNA의 생김새는 그 자체가 완벽한 두 세계의 연결점을 시사한다. 두 팔이 있는데, 한쪽 팔로는 mRNA와 결합하여 코돈을 인식하고, 다른 한쪽 팔로는 그 코돈에 부합하는 아미노산을 넘겨주면서 아미노산 사슬, 즉 단백질의 초기 구조를 생성하도록 중간 다리 역할을 수행하기 때문이다. 예를 들어, mRNA 가닥의 코돈이 만약 AAA라면 그 코돈에 상보적인 염기서열 UUU(이를 안티코돈이라고 부른다)를 한쪽 팔의 일부로 가지는 tRNA만이 그 부분과 결합할 수 있게 된다. 이런 식으로 생각하면, 아미노산과 대응하는 코돈이 총 61개이므로 tRNA 역시 일대일 대응으로 총 61가지가 존재할 거라고 예측할 수 있다. 그런데 이 역시 사실이 아니다. 가정이 잘못된 예측이다. 우리 몸 안에는 61개보다 훨씬 적은 수의(아직 정확히 몇 가지인지는 모른다) tRNA가 번역 과정에 참여하고 있다. 확인된 바에 따르면, 적어도 31가지 이상이라는 사실만을 알고 있을 뿐이다.

어떻게 61개의 서로 다른 코돈을 31가지의 tRNA가 인식하여 아무런 지장 없이 단백질을 합성하고 있는 것일까? 여기에 대한 답은 '워블Wobble 효과'라는 현상으로 설명이 가능하다. 한 가지 아미노산의 예를 들면 이해가 쉬울 것이다. 앞서 아미노산 중 아르기닌Arg과 대응하는 코돈은 총 6가지라고 설명했다. AGA, AGG, CGA, CGC, CGG, CGU 이렇게 6가지다. 그런데 여기서 뒤의 네 개 코돈의 염기서열을 보면 첫 번째와 두 번째 뉴클레오타이드는 모두 C와 G로 동일하다는 사실을 알 수 있다. 세 번째 뉴클레오타이드만 다르다. 그리고 뉴클레오타이드가 총 A, U, G, C 이렇게 네 가지밖에 없기 때문에, 아르기닌과 대응하기 위한 코돈의 세 번째 뉴클레오타이드에는 아무거나 와도 상관이 없다는 결론에 이르게 된다. 앞의 두 개, 즉 CG만이 중요한 것이다. 그래서 tRNA는 코돈 중 첫 번째와 두 번째 뉴클레오타이드만을 정확하게 인식하면 되고 세 번째는 굳이 인식할 필요가 없게 된다. mRNA 가닥의 코돈 중 세 번째 뉴클레오타이드는 tRNA의 안티코돈의 세 번째 뉴클레오타이드와

군이 상보적이지 않아도 된다는 말이다. 이러한 상보적이지 않은 결합은 DNA 복제 과정이라면 '교정'이나 '불일치 복구' 시스템이 동원되어야 할 문제이지만, 번역 과정에 있어서는 아무런 문제가 되지 않을 뿐더러, 네 가지 코돈을 위해 네 가지 tRNA가 아닌 한 가지 tRNA만으로도 번역이 가능해진다는 장점이 생긴다. 예를 들어, 네 가지 코돈(CGA, CGC, CGG, CGU)과 결합하기 위해 네 가지 안티코돈(GCU, GCG, GCC, GCA)이 필요한 게 아니라 GCU 하나만으로 번역에는 아무런 문제가 생기지 않는다는 말이다. 이런 식의 효과들을 따지다보면 61개의 서로 다른 코돈을 인식하기 위해 61개의 안티코돈이 군이 필요하지 않다는 사실을 이해할 수 있게 된다. 앞서 언급했듯이 생물학자들의 연구에 따르면, 적어도 31가지의 안티코돈만 존재하면, 즉 31가지의 서로 다른 tRNA만 존재하면 번역 과정은 아무런 차질 없이 진행될 수가 있다. 정말 놀라운 생명의 신비이지 않을 수 없다.

단백질 접힘

센트럴 도그마라 불리는 전사와 번역 과정을 통과하면 DNA 두 가닥 중 한 가닥의 일부 염기서열과 상보적인 염기서열을 가진 mRNA는 단백질을 코딩하는 코돈을 포함하게 되는데, 그 코돈과 상보적인 염기서열^{안티코돈}을 가진 tRNA는 mRNA가 가진 코돈에 해당하는 아미노산을 가지고 와서 일련의 아미노산 사슬 구조가 생성된다. 핵산의 세계인 뉴클레오타이드 사슬 구조가 단백질의 세계인 아미노산 사슬 구조로 치환된 것이다. 그렇다면 센트럴 도그마의 최종 산물인 아미노산 사슬이 우리가 흔히 말하는 단백질일까? 아니다. 단백질의 초기 구조라고 표현할 수는 있지만, 기본 뼈대일 뿐 아직 옷을 입지 않은 상태라고 말할 수 있다. 모든 단백질은 센트럴 도그마가 생성해낸 아미노산 사슬로부터 여러 단계의 수정 과정을 거치면서 완전한 형태로 가공된다. 이 가공 과정은 크게 두 단계로 나뉜다. 첫 번째 과정은 '단백질 접힘Protein Folding', 두 번째 과정은 '번역 후 수정Post Translational Modification'이다.

단백질 접힘 과정은 어디에서 일어나는 것일까? 이에 앞서 장소 얘기를 조금 짚어봐야 할 것 같다. 알다시피 DNA는 핵 안에 존재한다. 그렇다면 상식적으로 센트럴 도그마의 전사 과정은 핵 안에서 일어나리라는 사실을 충분히 예상할 수 있을 것이다. 맞다. mRNA의 생성은 핵 안에서 일어난다. 그렇다면, 센트럴 도그마의 마지막 과정인 번역은 어디서 일어날까? mRNA의 생성이 핵 안이었기 때문에, mRNA 서열에서 아미노산 서열로 번역하는 과정도 핵 안에서 일어나는 것일까? 그렇지 않다. 번역 과정은 핵 밖에서 일어난다. 핵 밖, 그러니까 세포질에서 일어난다. 그러기 위해서는 핵 안에서 생성된 mRNA가 핵 밖으로 나와야 하는 과정이 필요할 것이다. 실제로 전사된 mRNA는 핵 밖으로 배출된다. 그런데 세포질은 mRNA의 크기에 비하면 망망대해와도 같다. tRNA와의 결합을 위해선 어떤 특정한 만남의 장소가 존재한다면 효율적일 것이다. 그렇다. 실제로 핵 밖으로 배출된 mRNA는 세포질 안의 세포 소기관 중 하나인 리보솜 Ribosome 으로 이끌린다. 아미노산을 끌고와서 mRNA 가닥의 코돈 염기서열로부터 아미노산 서열로 번역을 행할 tRNA 역시 리보솜으로 와서 mRNA와 결합하게 된다. 즉 번역 과정이 일어나는 장소는 리보솜인 것이다.

리보솜에서 만들어진 아미노산 사슬은 아미노산의 종류와 순서만 다를 뿐 모두 비슷하게 생겼다. 실 같이 일렬로 늘어진 모양으로 생겼기 때문이다. 그러나 실제로 기능을 행하는 단백질은 삼차원 구조를 가진다. 이렇게 아미노산 사슬이 삼차원 구조를 가지게 되어 안정한 상태로 전환되는 과정을 '단백질 접힘'이라고 부른다.

단백질 접힘 현상이 언제 어디서 일어나는지는 단백질마다 조금씩 다르다. 번역 과정 중 단백질 접힘 현상이 시작되는 경우도 있고, 번역 과정이 끝난 후 진행되는 경우도 있다고 알려져 있다. 번역을 거친 아미노산 사슬의 일부(세포 밖으로 배출되거나 세포막을 형성하는 단백질의 경우)는 리보솜과 연결된 ER Endoplasmic Reticulum 이라고 부르는 세포 소기관으로 옮겨져서 단백질 접힘 과정을 겪는다.

DNA에서부터 돌연변이가 생겨 그것이 전사와 번역 과정을 거치면서 그대로 전해져서 아미노산 서열에 변이가 생기게 되면 단백질 접힘 과정에서 이상이 생길 가능성이 높아진다. 20개의 아미노산은 모두 고유한 성질을 가진다. 어떤 아미노산은 산성인데 반하여 또 어떤 아미노산은 염기성이며, 친수성을 가지는 아미노산이 있는가 하면, 소수성을 가지는 아미노산도 존재한다. 번역을 마치고 생성된 아미노산 사슬은 단백질 접힘 과정을 통해 삼차원 구조로 바뀌게 되는데, 이때 각 아미노산의 성질이 단백질 성질을 결정하는 데 중요한 역할을 하게 된다. 삼차원 구조에서 외부로 툭 튀어나온 부분이 산성인지 염기성인지 친수성인지 소수성인지에 따라서 그 단백질과 결합하는 파트너가 달라질 수 있기 때문이다. 단백질의 구조는 곧 단백질의 기능과 직접적인 관계가 있는 것이다. 예를 들어, 대표적인 유전질환 중 하나인 낭포성 섬유종Cystic Fibrosis은 CFTR이라는 이름을 가진 단백질을 이루는 아미노산 중 단 하나의 아미노산이 합성되지 않아 생기는 병이다. 문제는 그 하나의 아미노산의 부재로 인해 CFTR 단백질은 제대로 접힘 과정을 겪어내지 못한다는 것이다. 그 결과 CFTR이 원래 감당해야 할 기능이 상실되고 환자는 평생 감염을 조심하면서 살아가야 한다. 단백질 접힘 과정이 얼마나 중요한지 알 수 있는 단적인 예라고 할 수 있겠다.

번역 후 수정

단백질 접힘 과정을 거친 단백질은 경우에 따라 또 한 번의 가공을 거치게 된다. 바로 '번역 후 수정Post Translational Modification'이라는 과정이다. 모든 단백질은 고유의 아미노산 서열을 가지고 고유한 기능을 가지므로, '번역 후 수정' 과정은 일괄적으로 어떤 특정 시기나 장소에서 일어나지 않는다. 언제 어디서든 세포의 상태에 따라 일어날 수 있는 과정이다. 이를테면, 세포가 어떤 자극을 받을 때 반응을 하게 되는데, 단백질 차원에서 그 반응을 설명하고자 할 때 중요한 하나의 축으로써 '번역 후 수정' 과정이 포함된다. 단백질의 비활성화 상태와 활성화 상태를 각각 나타내기 위해 이 과정이 사용되기도 한다. 대표적인 예가 20개 아미노산 중 타이로신Tyr, Tyrosine이나 세린Ser, Serine 혹은 트레오닌Thr, Threonine에 인산기Phosphate Group(인과 산소로 이루어진 원자단)를 붙여서 세포 안에서 벌어지는 신호전달의 매개체로 사용되도록 만드는 것이다. 총 200가지가 넘는 다양한 종류가 '번역 후 수정' 과정에 포함되어 있으며, 어떤 종류는 다시 원래 상태로 돌아올 수 있는 가역적可逆的인 반면 또 어떤 종류는 다시 원래 상태로 돌아오지 못하는 비가역적非可逆的인 반응을 일으킨다. 번역 과정을 거치고 단백질 접힘 과정을 거쳐 만들어진 단백질도 상황에 따라 다른 옷을 입으면서 다른 역할을 담당하게 되는 것이다. 이렇게 다양한 수정 과정은 가장 고등동물이라고 여겨졌던 인간의 유전자 숫자가 인간 게놈 프로젝트 이전에 예상했던 것과는 달리 타 동물들의 유전자 숫자보다 많지 않았다는 놀라운 사실에 대한 하나의 설명이 된다. 가장 복잡한 네트워크를 가지고 있는 인간의 다양성은 단지 유전자 숫자만으로 설명할 수 없었던 것이다. 하나의 유전자가 하나의 단백질을 만들지라도 그 단백질을 이런저런 용도로 사용할 수 있는 장점이 생명의 다양성을 설명하는 하나의 중요한 사실이 되는 것이다.

지금까지 우리는 DNA에서부터 시작되어 단백질이 합성되고 그 단백질이 제대로 기능하기 위한 형태로 수정되는 일련의 과정을 함께 훑어봤다. 다시 한 번 정리해 보면 이러한 일련의 과정인 '센트럴 도그마'는 우리 몸에서 DNA의 유전정보가 어떻게 단백질로 전달되는지를 설명해주는 이론이다. 우리 몸은 세포로 구성되어 있다. 그리고 세포를 이루는 주요 성분인 탄수화물, 지방, 단백질, 핵산 중 단백질의 합성은 핵산인 DNA로부터 시작된다. DNA는 세포의 핵 안에 염색체 상태로 존재하는데, 전체 DNA의 약 1% 정도만이 단백질 합성을 코딩하는 것으로 알려져 있다. 이렇게 DNA는 정교한 '복제 과정'을 거치게 된다.

하지만 '복제'가 전부는 아니다. 복제 과정에는 RNA로 유전정보를 전달하는 '전사 과정'이 포함되어 있기 때문이다. 단백질은 DNA

에서 바로 합성되는 것이 아니라 RNA를 거치게 되는데, 여러 가지 RNA 중 단백질 합성에 관계되는 RNA를 특별히 mRNA라고 부른다.

이 '전사 과정'을 통해 생성된 DNA와 다른 종류의 핵산인 mRNA의 염기서열은 다시 단백질로 전달되는데, 핵산의 언어가 단백질의 언어로 해독되어 전환되는 이 과정을 '번역 과정'이라 부른다. DNA에서 DNA로 또는 DNA에서 mRNA로의 유전정보 전달은 같은 핵산의 언어(뉴클레오타이드로 된 염기서열)가 사용되지만, mRNA에서 단백질로의 유전정보 전달은 핵산의 언어가 단백질의 언어로 번역되어야 하는 특별한 과정을 거치게 된다. 세 개의 뉴클레오타이드가 코돈이라는 한 묶음으로서 기능하며 하나의 아미노산과 대응되면서 번역 과정이 일어나게 되는 것이다. 이때 두 언어 사이의 매개는 tRNA가 담당하게 된다.

즉 '센트럴 도그마'는 DNA 복제, 전사, 번역의 순서로 유전정보가 전달되는 과정을 통칭한다. 이렇게 해서 생성된 단백질은 완성된 단계가 아니라 아미노산 사슬에 불과하다. 완전한 기능을 갖추기 위해서 아미노산 사슬은 '단백질 접힘 과정'과 '번역 후 수정 과정'을 거치며 비로소 제대로 된 단백질이 만들어지는 것이다. 이러한 일련의 과정을 거치며 DNA의 유전정보가 완전한 기능을 담당하는 단백질로 전달되는 것이다.

우리는 몇 번에 걸쳐 유전 형질을 나타내는 가장 중요한 분자는 단백질이라는 것을 살펴보았다. DNA가 중요한 이유도 단백질 합성을 위한 템플릿으로 쓰이기 때문이라고 할 수 있다. 결국 DNA가 코딩하고 있는 실체는 단백질로 나타나 우리 몸 안에서 실제적인 기능을 담당하고 있는 것이다. 이 사실은 암의 관점에서 생각해 볼 때에도 의미를 가진다. DNA의 돌연변이가 암의 시작이긴 하지만, 돌연변이가 일어난 DNA 자체가 암의 직접적인 원인이 되는 것은 아니다. 센트럴 도그마 과정을 거치면서 돌연변이 DNA가 만들어내는 돌연변이 단백질이 암의 직접적인 원인이기 때문이다. 물론 돌연변이 단백질이 아닌 마이크로 RNA를 비롯한, 단백질이 아닌 매개체가 질병의 원인이 되는 경우가 최근 들어서 하나씩 밝혀지고 있지만, 여전히 단백질이 가장 중요한 플레이어라는 사실은 인정해야만 할 것이다. 또한 단백질은 전사와 번역 과정에 의해서 아미노산 사슬로 생성이 된 이후에도 단백질 접힘과 번역 후 수정 과정을 거치게 된다는 사실을 감안할 때, 암이나 질병의 원인을 모두 DNA의 돌연변이 탓으로 돌릴 수만도 없다.

DNA에 아무런 돌연변이가 없어서 전사와 번역 과정이 정상적으로 일어났을지라도 그렇게 해서 생성된 아미노산 사슬이 단백질 접힘 과정을 제대로 통과하지 못하거나 번역 후 수정 과정을 원활히 수행하지 못하게 되면 그 단백질의 기능이 망가질 가능성이 생기기 때문이다.

우리가 앞서 살펴 본 전사, 번역, 단백질 접힘, 번역 후 수정 과정은 모두 해당 단백질 하나만으로 이루어지지 않는다. 각 과정은 아직도 다 밝혀지지 않은 단백질이나 RNA 들을 포함하여 수많은 인자들이 협업하는 복잡한 네트워크 구조를 가진다. 그러므로 DNA에 돌연변이가 전혀 없다 하더라도 그것과 상관없이 다른 인자들의 기능에 문제가 생기게 되면 제대로 된 단백질이 생성되지 않을 가능성이 생기는 것이다. 이런 식으로 생각할 때, 단백질 하나가 생성되는 과정이 얼마나 복잡하면서도 정교하게 일어나고 있는지 경이롭기까지 하다. 그리고 생물학자들은 아직도 이러한 과정들을 모두 이해하지 못했다. 아직도 밝혀야 할 생명의 비밀들이 산재해 있는 것이다.

이제는 '카라마조프적'인 그 무엇에 대해서 어느 정도 생물학적인 결론을 내려도 될 듯하다. 먼저 표도르에게만 존재하는 유전자의 존재 가능성에 대해서다. 만약 이런 유전자가 상염색체 상에 존재한다면, 표도르가 외계인이 아닌 우리와 같은 인간인 이상 그 유전자는 모든 사람에게 존재해야만 한다. 그렇지 않다면, 표도르의 정자는 세 명의 다른 아내의 난자와 핵융합을 거쳐 수정란을 탄생시키지 못했을 것이고, 그 수정란은 발달되지 않아 단 한 명의 아들도 태어나지 않았을 것이다.

알다시피 핵융합이 가장 중요한 이유는 정자와 난자의 22개의 상염색체가 완벽하게 쌍을 이루는 과정이기 때문이다. 같은 숫자가 매겨진 상염색체는 극히 일부분만 다를 뿐 길이나 염기서열이 거의 같다. 같지 않으면 각 염색체는 자기 짝을 찾지 못하게 된다. 아직 존재와 기능이 밝혀지지 않은 유전자가 여전히 존재하기 때문에 이와 같은 카라마조프 유전자 역시 이런 경우 중 하나로 생각해 볼 수는 있다. 그러나 만약 이 경우라면, 이 유전자는 존재와 기능이 아직 확인되지 않았을 뿐 '카라마조프가'만이 아닌 다른 가족의 가계도에도 흐르고 있을 가능성이 높다. 이 소설 덕분에 그 미확인 유전자의 이름을 '카라마조프'라고 지을 수는 있겠다. 반면, 만약 이 유전자가 상염색체가 아닌 성염색체에 존재한다면 존재 가능성은 한층 높아진다. 공교롭게도 표도르의 자녀가 모두 아들이므로 이 경우엔 표도르의 정자가 운반했을 Y 염색체만 생각해보면 된다. 이렇게 되면, 세 아내의 서로 다른 난자가 가지고 있던 서로 다른 X 염색체에 상관없이 일방적인 부계 유전이 가능해지게 되는 것이다. 물론 이 경우라면, '카라마조프적'인 특징은 딸이 아닌 아들에게만, 여자가 아닌 남자에게만 전달되고 발현되는 그 무엇이어야 할 것이다. 그러나 이 경우 역시 문제가 되는 것은 표도르가 외계인이 아닌 인간이라는 점이다. 즉 그 유전자는 표도르만이 아닌 모든 인간 남자가 가진

Y 염색체 상에 존재해야만 한다. 그러므로 '카라마조프적'인 특징을 설명할 수 있는 가장 가능성이 높은 가설은 아마도 다음과 같을 것이다. "카라마조프 유전자는 Y 염색체 상에 위치하며, 원래 어떤 다른 기능을 해야만 하는 유전자에 돌연변이가 생겨 탄생하게 되었다." 어떤가? 수긍이 가는가? 혹시 아리송하다고 여겨지지 않은가? 다음 장에서 '닮음'이 아닌 '다름'을 집중적으로 다루게 될 텐데, 그때 다시 보다 풍성한 눈으로 이 유전자의 존재 가능성에 대해 생각해 보려고 한다.

지금까지 우리는 '우리는 누굴 닮았을까?' 라는 질문에 대해 답하기 위해 여기까지 왔다. 누구를 닮는다는 건 유전 형질을 물려받는다는 뜻이다. 자녀가 부모를 닮는 근본적인 이유는 엄마와 아빠로부터 각각 DNA를 절반씩 물려받았기 때문이다. 그러나 자녀가 자로 재듯 정확히 엄마와 아빠의 절반씩 닮았다고 말할 수는 없다. 자녀의 첫 시작인 수정란은 정자와 난자의 절반씩으로 만들어진 세포가 아니라 세포 안에 DNA를 보유하고 있는 핵만이 절반씩 융합되어 만들어진 세포이기 때문이다.

즉 수정란에서 DNA가 존재하는 핵을 제외한 나머지는 모두 난자, 즉 엄마에게 속한다. 물론 유전 형질을 나타내는 가장 근원이 되는 분자는 DNA이고, 정자가 실어서 난자와 짝을 이루게 되는 매개체도 DNA이기 때문에 핵을 제외한 난자의 나머지 세포 기관들은 자녀에게 전달되지 않는다. 그러나 그렇다고 해서 그것들의 중요성을 폄하할 수는 없다. 알다시피 DNA 복제가 제대로 일어나기 위해서는 세포질에 속한 리보솜이나 소포체ER, Endoplasmic Reticulum 등의 세포 소기관들이 중요한 역할을 하기 때문이다. 그러므로 자녀의 첫 시작인 수정란 상태는 엄마 반 아빠 반이라고 표현할 수도 있으나, 그 이후 세포가 분열하기 시작하면서부터는 불가피한 DNA 복제 오류 때문에 분열을 거친 세포가 가진 DNA는 분열하기 전의 세포나 수정란의 DNA와 차이가 날 수밖에 없으며, 고로 엄밀하게 말하자면 더 이상 엄마 반 아빠 반이라는 표현을 사용할 수 없다. 이미 염색체의 염기서열이 바뀐 부분이 존재할 것이기 때문이다.

이렇게 오류가 생긴 DNA는 엄마의 DNA와도 아빠의 DNA와도 같지 않다. 자녀만의 고유한 DNA가 탄생하게 되는 셈이다. 물론 DNA 복제 오류가 눈으로 보이는 어떤 표현형을 유발할 확률은 극히 적다. 그러나 다른 건 다른 것이다. 그 부분이 아주 미미하더라도 말이다. 이러한 결과로, 무작위로 일어나는 DNA 복제 오류가 단백질 합성을 위한 템플릿으로 사용될 DNA에서 생기나 돌연변이 단백질이 만들어지고 그것이 눈에 보이는 암과 같은 질병을 유발하게 된다면, 그 질병은 엄마 때문도 아빠 때문도 아닌, 무작위적인 현상으로 해석해야만 한다. 말하자면, 자녀 고유의 DNA 때문인 것이다. 이 사실을 안다면 아마도 자녀의 질병으로 인해 괜한 자책감에 시달릴지도 모를 많은 부모들은 마음을 조금 놓아도 될 것이다.

우리는 어떻게 다를까?

여자와 남자

첫째 아들

첫째 드미트리는 표도르의 첫째 아내 아젤라이다로부터 얻은 유일한 아들이다. 생물학적으로 다른 세 아들과 다른 특징이기도 하다. 우리가 잘 알고 있는 것처럼 엄마의 난자와 아빠의 정자가 하나의 수정란을 형성한다. 이 때 정자가 가지고온 23개의 염색체가 난자가 가진 23개의 염색체와 한 쌍을 이루며 총 46개의 정상적인 사람의 염색체 수를 가지게 되는 과정이 바로 수정이다. 다시 말해, 드미트리가 가진 DNA의 절반은 아버지 표도르의 것이지만, 나머지 절반은 아젤라이다의 것이다. 그 나머지 절반은 다른 세 아들과 공유하지 않는, 드미트리만의 고유한 생물학적인 속성인 것이다. 그렇다면, 드미트리가 가진 세 아들과 다른 특징은 과연 아젤라이다의 DNA로부터 기인한 것일까? 그렇게 결론지어도 되는 걸까?

나에게 아버지 표도르와 가장 닮은 아들을 하나 꼽으라고 한다면 별 망설임 없이 장남 드미트리를 고를 것이다. 특히 돈과 여자에 관계된 부정적인 이미지, 이를테면 방탕함과 음탕함이라는 캐릭터는 아버지로부터 그대로 물려받은 것처럼 보인다. 그럼에도 불구하고 나 또한 과연 이러한 육체적인 정욕이 유전 되는지 궁금하다. 우리 몸속 어딘가에 정욕의 DNA가 숨어있을지는 아무도 모르기 때문이다. 그러나 아무리 그러한 정욕이 아버지와 닮았다고 해도, 그것만으로 드미트리가 표도르와 가장 닮은 아들이라고 단정 지을 수는 없다. 드미트리는 아버지 표도르와는 달리 시적 감수성이 풍부할 뿐 아니라 기사도 정신 같은 명예를 중요하게 생각하며, 호색한이라는 이미지에도 불구하고 순수한 구석이 있어 마치 『죄와 벌』의 라스꼴리니꼬프를 떠올리게 하는 인물이기 때문이다. 표도르가 퇴폐적인 호색한이라면 드미트리는 정열적인 호색한이라고 표현할 수 있다. 그렇다면, 아버지와 다른 드미트리의 순수한 구석은 역시 어머니 아젤라이다로부터 물려받은 것일까? 앞서 언급했다시피, 아젤라이다의 결혼과 그 이후 죽음에 이르기까지의 삶은 낭만주의적인 사상에 경도되어 일어난 사건들의 연속이었다. 도스토예프스키는 드미트리에게 표도르와 아젤라이다의 특징을 하나도 잃지 않고 잘 섞어서 고스란히 발현되도록 의도했던 것 같다. 그가 생물학에 대한 전문지식은 없었겠지만, 유전이라는 생물학적인 속성만은 충분히 이해하고 있었던 듯하다. 물론 성격이나 습성, 취향이나 정서 등이 몇 번 염색체에 어느 부분에 유전자 형태로 각인되어 있는지는 확인된 바가 없지만 말이다. 그래서 도스토예프스키의 의도와는 달리 드미트리의 특징을 단지 표도르와 아젤라이다의 특징을 반반 섞어놓은 것처럼 생각하면 성급하고 잘못된 결론에 이르고 말 것이다. 드미트리가 보여주는 고유한 습성이 유전으로 인한 것이 아니라 단순히 어머니와 아버지의 습성과 닮은 부분이 있을 뿐인지 누가 알겠는가. 방탕함과 음탕함, 그리고 낭만주의적인 습성을 보이는 사람은 카라마조프의 피가 흐르지 않아도 우리 주위에 이미 충분히 있지 않은가. 물론 도스토예프스키는 이런 것까지도 예상하고 소설을 구성했을지도 모른다. 우리 주위에 있는 표도르나 드미트리 같은 사람 안에 카라마조프적인 그 무엇, 즉 카라마조프의 피가 흐르고 있을지도 모른다는 것을 넌지시 일깨워주고자 했을지도 모르기 때문이다. '카라마조프적'이라는 단어의 뜻은 이 소설을 읽으면서 생각하고 생각해야 할 아주 중요한 사항일 것이다.

참고로, 『죄와 벌』의 라스꼴리니꼬프는 소설 초반부터 잘못된 사상에 경도되어 도끼로 두 여자를 살해한 죄를 짓지만, 소설의 마지막에서 자신의 죄를 시인하고 시베리아 유형을 떠나며 창녀 소냐의 사랑과 헌신의 도움으로 구원에 이르게 되는 인물로 그려진다. 실제로 드미트리도 소설의 마지막 부분에서 시베리아 유형을 떠나기로 스스로 결단한다. 비록 자신이 아버지를 죽인 살인자가 아님에도 불구하고 말이다.

드미트리는 아버지 살인사건의 강력한 용의자로 체포되는데, 그는 앞에서 언급했듯 살인자가 아니었다. 그러나 드미트리는 그루셴카라는 여자와 표도르가 가지고 있던 3천 루블이라는 돈 때문에 실제로 아버지를 죽일 마음을 먹었었다. 간접적으로 혹은 도의적으로 그는 여전히 아버지 살해의 죄가 어느 정도 있다고 해석할 수 있는 것이다. 이 때문에 소설의 마지막 부분에서 그는 잘못된 재판 결과에도 불구하고 시베리아 유형을 떠나게 된다. 그의 순수한 특성이 잘 나타나는 부분이라 할 수 있을 것이다. 그리고 그는 뜻하지 않게 그리고리를 거의 죽이게 되는데(그리고리는 드미트리를 어렸을 적 키워준 장본인이다), 이 점 역시 그가 시베리아 행을 받아들인 이유 중 하나로 작용했을 것이다. 그는 실제로 자신의 직간접적인 죄를 시인하고 새로운 삶을 살기로 다짐하게 된다. 이 갱생의 시나리오가 어쩌면 아주 중요한 의미를 가진다고 볼 수 있다. 그의 의지와 상관없이 표도르와 아젤라이다로부터 물려받은 카라마조프의 피의 저주로부터 해방 받고 구원을 얻는, 말하자면 생물학적인 유전의 불가피한 운명으로부터 벗어나는 사건으로 해석할 수 있기 때문이다. 여러모로 보나 드미트리의 변화는 소설 전체를 압도하는 '카라마조프적'인 그 무엇에 저항하고 역행하는 의미인 것만은 틀림이 없는 것 같다.

『카라마조프가의 형제들』을 어떻게 해석하는지에 따라 주인공을 다르게 설정할 수 있겠지만, 적어도 이 소설의 서사를 이끌고 가는 주인공은 드미트리이다. 참고로, 『카라마조프가의 형제들』은 원래 저자 도스토예프스키가 계획했던 소설의 절반이다. 나머지 절반, 즉 2부는 영원히 그의 계획으로만 남아 그와 함께 묻혔다. 도스토예프스키가 살아있어 2부까지 완성했다면, 그가 소설의 서문 격인 「작가로부터」에서 밝히고 있듯이 셋째 아들 알료샤가 전체 이야기의 주인공으로 자리매김했겠지만, 미완성작인 현재의 『카라마조프가의 형제들』의 이야기를 이끌고 가는 주인공은 드미트리로 보는 게 적절할 것이다.

우리는 지금까지 '카라마조프적'이라는 의미를 밝히기 위해 아버지 표도르로부터 첫 번째 아들 드미트리에게 전달된 변하지 않는 그 무엇, 즉 '닮음'의 관점으로 이야기를 풀어보려 했다. 그러나 무언가가 닮았다는 것을 더욱 명징하게 밝히기 위한 훌륭한 방법 중 하나는 그 무언가가 어떤 것과 다르다는 것을 조명하고 드러내는 것이다.

'닮음'과 '다름'은 서로 반대의 의미를 가지지만, 동시에 서로를 폭로한다. 지금까지 우리는 이 여행을 가능하게 만들어준 근원이라 할 수 있는 표도르로부터 시작해 그의 첫 번째 아내인 아젤라이다, 그리고 그 둘 사이에서 태어난 첫 번째 아들 드미트리를 살펴보며 여기까지 왔다. 이젠 나머지 가족 구성원들을 살펴볼 차례다. 표도르의 생물학적인 세 아들과 두 아내를 한 명씩 살펴보다 보면 아마도

'닮음'보다는 '다름'이 확연하게 드러난다는 사실을 발견하게 될 것이다. 그러나 앞서 언급했듯이, 이 차이는 오히려 '카라마조프적'인 그 무엇의 정체에 우리를 한 걸음 더 다가가게 도와줄 것이다.

우리는 모두 인간이라는 점에서 동등하다. 그러나 이 세상에 똑같은 사람은 아무도 없다. 우린 모두 같으면서도 다르다. 공상과학 영화에서 심심찮게 등장하는 클론 혹은 복제인간이 존재하지 않는 이상 우린 모두가 단 하나밖에 없는 유일한 존재다. 그렇다면 생물학적인 관점에서는 어떨까? 우린 얼마나 다를까? 가장 명백한 차이는 성, 나이, 혈액형, 인종 등에서 찾을 수 있다. 그리고 조금 더 구체적으로 들어가 보면, 선천성 질환을 가진 사람들 같은 예외적인 소수의 사람들까지도 생각해 볼 수 있다. 다시 한 번 강조하지만, 이것은 어디까지나 생물학적인 차이를 말한다. 철학, 신학, 사회학과 관련된 존재론적인 관점이 아님을 분명히 밝혀둔다. 생물학적 차이가 결코 동등한 인간의 존엄성을 해칠 수는 없다. 여자와 남자, 아이와 어른, 여러 다른 혈액형, 다양한 인종, 그리고 태어나면서부터 유전적 질환으로 다른 삶을 살아야만 하는 사람들에 이르기까지, 이제부터 생물학적인 관점에서 하나씩 살펴보도록 하자. 1부에서 우리의 '닮음'에 관한 문제와 거기에 대한 답을 공부했다면, 여기 2부에서는 우리의 '다름'에 관한 질문에 대해 생물학적인 답을 찾아나가 보려고 한다.

성염색체

'다름'을 말할 때 가장 눈에 띄는 차이 중 하나는 성^{Sex}이다. 우리가 잘 알다시피 기본적인 성은 여자와 남자 두 가지다. 앞서 살펴본 것 같이 수정란이 생성됨과 동시에 배아의 성이 결정된다. 난자는 성염색체인 X 염색체를 제공할 수밖에 없지만, 정자는 X 혹은 Y 염색체를 제공할 수 있다. 자녀의 성은 정자가 들고 온 성염색체에 의해 결정되는 것이다. 알다시피 수정란이 XX를 가지게 되면 여자, XY를 가지게 되면 남자가 된다.

생식세포 분열에 의해 정자와 난자는 1번부터 22번까지의 상염색체 22개, 성염색체 X나 Y 한 개씩을 포함하여 각각 23개의 염색체를 가지게 된다. 그런데 아주 드문 확률로 X 염색체를 하나 더 가지는 정자나 난자가 생성될 때가 있다. 그 결과 24개의 염색체를 가진 정자 혹은 난자가 만들어지게 된다. 정자의 경우는 X나 Y 하나만 가지지 않고 X와 Y 두 개를 다 가지게 되고, 난자의 경우는 X 하나만 가지는 게 아니라 두 개를 가지게 되는 것이다. 그런 상태로 수정에 의해 핵융합이 일어나게 되면 결과적으로 수정란은 성염색체가 3개, 즉 XXY를 갖게 되면서 총 염색체 수가 47개가 된다. 이를 클라인펠터 증후군$^{Klinefelter\ Syndrome}$이라고 한다. 이 증후군의 원인은 생식세포 분열 시 성염색체 두 개가 동일하게 두 개의 분열된 세포로 분리되지 않고 한쪽으로 치우치는 현상 때문이다. Y 염색체의 존재로 겉으로는 남자와 같고, 여자처럼 가슴이 발달하거나 체모가 덜 나기도 하지만 본인은 증상을 느끼지 못하기도 한다. 남자 천 명 당 한두 명 꼴로 존재한다. 염색체 이상으로 생기는 증후군 중에서는 가장 잘 알려진 증후군 중 하나다.

성염색체 하나만 가지는 증후군도 존재하는데, 바로 X 염색체 하나만 갖는 터너 증후군Turner Syndrome이다. 예상할 수 있듯이 이 증후군에 속한 사람은 염색체를 45개만 가진다. Y 염색체가 없기 때문에 겉으로는 여자와 같지만, 키가 작고 목이 짧고 두꺼운 증상을 나타내고 여러 복합적인 질병을 갖게 되며 생식 능력도 가지지 못하고 평균 수명이 짧다. 이 증후군의 원인은 두 개였던 X 염색체 중 하나가 완전히 혹은 부분적으로 상실되기 때문이다. 대부분은 수정된 후 정상적인 발달 과정을 거치지 못하고 유산되지만 드문 확률로 태어나게 되는 사람이 이 증후군에 속하게 된다. X 염색체의 상실에 대한 정확한 원인은 알려져 있지 않다. 여자 2천~5천 명 당 한 명꼴로 존재한다.

그런가 하면, X 염색체 세 개를 가지는 증후군도 존재한다. XXX 증후군XXX Syndrome이다. 총 염색체 수는 47개이며, Y 염색체가 없기 때문에 겉으로는 여자와 같다. 경미한 지능저하가 보고되어 있긴 하지만, 특별한 증상 없이 임신도 가능하며 생명에 지장이 있는 것도 아니다. 이 증후군의 원인은 클라인펠터 증후군과 마찬가지로 생식세포 분열 시 성염색체의 비분리 현상 때문이다. 여자 천 명 당 한 명 꼴로 존재한다.

그렇다면 Y 염색체를 하나 더 가지는 증후군은 존재하지 않을까? 존재한다. XYY 증후군^{XYY Syndrome}이다. Y 염색체의 존재로 겉으로는 남자와 같다. 오히려 평균 키가 큰 편이고 성장도 빠른 편이다. 클라인펠터 증후군이나 터너 증후군처럼 뚜렷한 징후 없이 평생을 살며 생식 능력도 정상이다. 남자 천 명 당 한 명꼴로 존재한다.

엄밀히 말하자면, 이와 같이 우리가 상식으로 알고 있는 여자와 남자, 즉 XX와 XY, 이 두 가지 성만 존재하는 게 아니다. XXY^{클라인펠터 증후군}, X^{터너 증후군}, XXX^{XXX 증후군}, XYY^{XYY 증후군} 이렇게 생물학적으로 적어도 네 가지 서로 다른 성염색체를 가진 성이 존재한다. 이러한 선천성 증후군을 보이는 사람들의 성을 여자라고 해야 할지, 남자라고 해야 할지 정확한 규칙은 존재하지 않는다. 우린 겉모습을 보고 여자나 남자, 둘 중 하나로 구분하곤 할 뿐이다. 생물학적인 지식을 갖추지 않은 사람들은 이들이 희귀 증후군에 속했다는 사실조차 눈치 채지 못할 것이다. 그러나 이들 역시 우리 중 대다수를 차지하는 XX 혹은 XY와 동등한 인격체, 인간이라는 점을 감안한다면, 이들을 비정상이라고 규정하는 일은 없어야 할 것이다. 이들은 오히려 염색체 분리 현상이 희귀한 확률로 진행되었지만 가까스로 살아남은 사람들이다. 이미 생존자들인 셈이다.

생물학을 공부하면 이렇게 우리가 몰랐던 더 많은 다양성의 존재를 알 수 있게 된다. 다양성을 언급할 땐 언제나 다수가 존재하고 소수가 존재하기 마련이다. 우리는 다수가 정상이고 소수가 비정상인 것처럼 여기는 통념에 저항할 필요가 있다. 다양성의 존중은 그런 식의 통념으로 비정상으로 취급받는 소수자들을 언제나 염두에 두어야 하고 그들의 목소리를 반영하는 쪽을 지향해야 한다. 이러한 인문사회학적인 마인드를 가지는 것은 이 시대를 살아가는 우리들에게 꼭 필요한 소중한 정신이다. 생물학적인 기본지식이 있다면 소수자를 더 깊고 풍성하게 이해할 수 있다. 정상과 비정상에 대한 허무맹랑한 구분 따위에 휘둘리지 않고 과학적이고 이성적인 근거에 기반을 두어 그들의 다양성을 인정하고 또 존중할 수 있다. 우리가 지금 2부에서 해나가는 여행도 바로 이러한 목적에 부합된다.

호르몬

여자와 남자를 구분 짓는 결정적인 생물학적 요인은 성염색체다. 그렇다면 성염색체는 어떤 역할이기에 성을 구분하는 것일까? 먼저, 갓난아기를 생각해보자. 갓 태어난 아이가 여자인지 남자인지 알 수 있는 가장 쉽고 확실한 방법은 아기의 생식기를 살펴보는 것이다. 이는 아기가 태어나기 전, 엄마가 임신한 상태일 때 초음파로도 아기의 성을 판단할 수 있는 근거가 된다. 임신 후 약 16주 이후에는 3D 입체 초음파로 뱃속의 아기 생식기를 관찰할 수 있다. 쉽게 말해서 남자 아이의 생식기가 보이는지 보이지 않는지에 따라 성을 구분한다. 생식기 관찰이 아니라면 분자생물학적인 방법이나 생화학적인 방법을 거치지 않으면 아기의 성을 알 수 없다. 생식기의 차이는 성염색체의 다름으로 인해 생기는, 가장 먼저 발현되고 가장 뚜렷한 결과인 것이다. 이를 1차 성징이라고 한다. 자타가 공인할 수 있는 성을 구분 짓는 첫 번째 특징인 것이다. 이를 통해 우린 보이지는 않지만 성염색체는 엄마 뱃속에 있을 때부터, 수정란이 온전한 인간의 모습으로 발달하는 과정에서부터 이미 작용하고 있다는 사실을 알 수 있다. 생식기의 차이는 눈에 보이는 뚜렷한 증거일 뿐 이미 분자세포생물학적이고 발생생물학적인 차이는 수정란에서부터 시작되어 계속 진행되고 있었으며, 그 가장 첫 열매가 생식기의 차이인 1차 성징으로 나타난 것이다.

아이가 태어난 이후 청소년 시기까지의 약 10년 동안은 성의 차이를 나타내는 특별한 생물학적인 현상이 발생하지 않는다. 부모가 아이를 남자면 남자처럼 여자면 여자처럼 그 시대 그 문화에 따라 외모를 가꾸어주고 문화를 전달해준다. 여자는 머리를 기른다든지 치마를 입는다든지 레이스가 달린 양말이나 속옷을 입는다든지 하는 형태로, 남자는 머리를 여자보다 짧게 하고 다닌다든지 치마는 입지 않는다든지 하는 형태로 나타날 뿐, 아이 안에서 무언가 생물학적인 변화에 의해서 스스로 그런 형태들을 취하는 건 아니다. 즉 2차 성징 이전까지의 여자 아이와 남자 아이의 가시적인 차이는 신체 내부에서 일어나는 생물학적인 차이에 의해서라기보다는 외부적인, 문화적인 차이에 무게중심을 두고 나타난다.

그러나 흔히 사춘기라고 부르는 시기가 되면(약 10~13세 전후에 시작되고 16~17세 전후까지 진행됨. 고학년 초등학생부터 중고등학생에 해당. 주로 남자보다 여자에게서 먼저 시작된다.) 신체 내부에서 생물학적인 급격한 변화가 시작된다. 이를 2차 성징이라고 한다. 그리고 이 변화의 주체는 바로 호르몬이다. 1차 성징이 생식기의 차이, 즉 구조적인 차이로 나타났다면, 2차 성징은 그 구조적인 차이에 기능적 차이를 더한다고 해석할 수도 있다. 2차 성징은 아이가 생물학적인 어른으로 변모하는 관문인 셈이다. 다시 말해, 다른 동식물들이 짝짓기를 할 수 있게 되듯 사람도 2차 성징을 거치게 되면 비로소 다음 세대, 즉 아이를 가질 수 있는 몸이 되는 것이다. 여자는 주기적인 월경을 시작하게 되고 남자는 몽정을 경험하게 되며 각각 난자와 정자를 본격적으로 배출하거나^{난자의 경우} 만들기^{정자의 경우} 시작하는 것이다. 이 모든 과정은 사람의 의지와 상관없이 일어나며 호르몬에 의해서 주관된다.

여자의 경우는 난소에서 생성되는 에스트라디올^{Estradiol}이, 남자의 경우는 주로 고환에서 생성되는 테스토스테론^{Testosterone}이 두 가지 다른 성의 특징을 도드라지게 만드는 주 호르몬이다. 두 호르몬을 대표적인 성 호르몬이라고 부르며 모두 시상하부와 뇌하수체에 의해 조절된다. 시상하부가 뇌하수체 전엽을 자극하여 여포자극호르몬FSH,Follicle Stimulating Hormone과 황체형성호르몬LH, Luteinizing Hormone을 분비하도록 하여 여자에게선 에스트라디올을, 남자에게선 테스토스테론을 각각 난소와 고환에서 분비하도록 유도하는 것이다. 여자의 경우 에스트라디올은 자궁의 발달을 촉진하고 월경을 시작하게 만들며 유방의 발달과 젖의 분비를 촉진하면서 2차 성징에 기여한다. 남자의 경우, 테스토스테론은 처음으로 정자의 생성을 촉진하며 전립선과 정낭 등의 생식기를 발육시킨다.

한 가지 주의해야 할 점은 여자에게는 여성 호르몬만, 남자에게선 남성 호르몬만 생성되고 분비되지 않는다는 사실이다. 남자에게도 여성 호르몬이, 여자에게도 남성 호르몬이 생성되고 분비된다. 다만, 여자에게는 여성 호르몬이 남성 호르몬보다 월등히 많으며, 남자에게선 남성 호르몬이 여성 호르몬보다 월등히 많기 때문에 여자와 남자의 서로 다른 특징을 보이게 되는 것이다. 대표적인 예로 2차 성징 때 여자와 남자에게 공통적으로 나타나는 현상인 음모와 액모의 발달이 있다. 여성의 음모와 액모는 여성 호르몬 때문이 아니라 남성 호르몬 때문에 발달하는 것이다. 물론 각 개인마다 여성 호르몬과 남성 호르몬의 비율이 조금씩 다르기 때문에 음모와 액모의 수는 물론

이며 신체적인 차이의 정도가 다르게 나타난다.

호르몬이 생물학적인 어른으로의 진입에 있어서 가장 중요한 역할을 담당하는 주체이기 때문에 이것의 생성이나 기능에 문제가 생기면 당연히 그에 따른 결과가 신체에 그대로 나타나게 된다. 이를테면, 2차 성징 장애라고 부르는 현상이다. 대부분의 사람보다 2차 성징이 빨리 시작되어, 즉 호르몬의 생성과 분비가 빨리 시작되어 성조숙증을 겪는 경우도 있고, 반대로 호르몬의 생성과 발달이 대부분의 경우에서보다 늦게 시작되거나 양이 적거나 기능이 저하되어서 사춘기가 지연되는 경우도 있다. 물론 호르몬 생성 자체에 이상이 생긴 경우엔 생식 기능적인 면에서 어른으로서의 모습을 보이지 못할 수도 있다. 앞서 훑어본 여러 성염색체 이상에 의한 증후군에 해당되는 사람의 경우 생식 기능적인 면에서 장애를 겪게 될 가능성이 높다.

'카라마조프적'인 그 무엇의 정체는 아버지로부터 아들에게로 전해진 부계 유전의 한 형태를 따른다고 볼 수 있다. 1장 끝부분에서 '카라마조프 유전자'가 만에 하나라도 존재한다면 가장 가능성이 높은 곳은 성염색체인 Y 염색체라고 언급했던 이유이기도 하다. 만약 카라마조프가에 아들이 아닌 딸이 한 명이라도 있었다면 어땠을까, 하는 재미난 상상을 해본다. 일견엔 우리의 답을 얻기 위해선 상황이 더 복잡해진다고 생각할 수도 있겠지만, 혹시 아는가. 그 딸의 존재가 '카라마조프적'인 그 무엇의 정체를 밝히기 위한 강력한 힌트가 되어줄지. 가령, 그 딸에게 카라마조프적인 특징이 전혀 보이지 않았다고 가정해보자. 이는 오히려 우리의 가설에 무게를 실어주는 현상이 될 수 있다. 그 딸에게는 표도르의 Y 염색체가 아닌 X 염색체가 전달되었을 테고, 그렇다면 가상의 카라마조프 유전자의 위치를 Y 염색체로 본 우리의 가설이 힘을 얻게 되기 때문이다. 그 딸에게 카라마조프적인 특징이 나타난다고 해도 마찬가지로 도움이 된다. 그렇다면 카라마조프 유전자의 위치가 적어도 Y 염색체는 아니라는 결론에 치달을 수 있기 때문이다. 그러나 안타깝게도 도스토예프스키는 딸의 존재는 고려하지도 않았던 것 같다. 게다가 그가 네 아들을 묘사하는 부분을 아무리 살펴봐도 그들은 생물학적으로 XY 염색체를 가진, 우리 주위에 가장 흔한 남자인 것 같기 때문에 성별이라는 차이를 가지고 '카라마조프적'인 그 무엇의 정체를 밝히는 건 그다지 도움이 되지는 않는 것 같다.

아이와 어른

둘째 아내

아젤라이다가 떠나고 드미트리와 함께 남겨진 표도르는 그 다음 해에 잽싸게 두 번째 결혼을 했다. 놀랍게도 두 번째 결혼은 8년이나 지속되었다. 어찌된 영문이었을까? 혹시 두 번째 아내였던 소피아가 첫 번째 아내였던 아젤라이다보다 더 인내력이 강했던 것일까? 아니면, 말 못할 어떤 사연이 있었던 것일까? 답은 후자에 가깝다. 소피아는 아젤라이다와는 출신 배경부터가 달랐다. 그녀는 어릴 때부터 부모로부터 버려졌고, 고아가 된 이후 당시 명망 있고 부유한 어떤 장군의 미망인으로부터 양육을 받으며 자랐다. 도스토예프스키는 그녀를 말대꾸라곤 할 줄도 모르는 온순하고 순해 빠진 여자였다고 묘사하고 있다. 어느 모로 보나 아젤라이다와는 전혀 다른 스타일의 인물이었던 것이다. 여기에서 의문이 든다. 왜 표도르는 소피아에게 청혼을 했던 것일까? 우린 표도르가 아젤라이다에게 접근하여 청혼을 했던 목적을 알고 있기 때문에 어렵지 않게 그 이유를 짐작할 수 있다. 아마도 표도르의 눈은 소피아에게 있었던 게 아니라 장군 미망인, 조금 더 구체적으로 말하자면 장군 미망인의 돈에 가 있었을 것이다. 첫 번째 결혼으로부터 두둑하게 돈을 챙기는 맛을 본 표도르의 눈에 돈 말고 달리 무엇이 보였겠는가. 그리고 소피아가 표도르의 청혼을 승낙한 건 고집불통과 변덕쟁이가 되어버린 노파, 즉 그녀를 양육해준 장군 미망인으로부터 벗어나고픈 욕망이 강했기 때문이었다. 소설 『카라마조프가의 형제들』에서 도스토예프스키는 이 부분을 이렇게 묘사하고 있다.

'게다가 열여섯 살짜리 소녀가 은인의 집에 머물러있기보다는 강물에 몸을 던지는 편이 낫다는 것 외에 달리 무엇을 생각할 수 있었겠는가. 가엾은 그 소녀는 자신의 은인을 갈아치웠을 뿐이다.'

이 점에서 보면 아젤라이다와 마찬가지로 소피아 역시 표도르라는 사람이 남편감으로 충분히 자격이 있다고 믿었기 때문에 그의 청혼을 승낙했던 것이 아니었다. 표도르라는 작자는 정말 운이 좋은 인간이라고 말할 수밖에 없을 것 같다. 낭만주의 사상에 경도되었든, 현재 상황에서 탈출하고자 하는 욕망에서든, 어쨌거나 표도르에게는 청혼하기에 이보다 더 좋을 수 없는 기회로 작동했을 테니 말이다.

그러나 기대와 다르게 표도르는 두 번째 결혼에서는 아내 측으로부터 아무런 지참금을 받을 수 없었다. 말하자면 목적 달성에 실패했던 것이다. 도스토예프스키는 소설에서 표도르가 얼마나 상심했을지 밝히지 않는다. 대신 다음과 같은 문장을 써놓았다.

'그는 그저 순결한 소녀의 뛰어난 아름다움에 매혹되었을 뿐이니, 무엇보다도 그녀의 순결한 모습이 그를, 지금까지 오직 천박한 여자의 아름다움만을 죄스럽게 탐닉해 온 이 호색한을 사로잡았기 때문이었다.'

그리고 이어서 도스토예프스키는 표도르가 그녀를 어떻게 대했는지에 대해서 다음과 같이 말한다.

'표도르 파블로비치는 이번엔 어떤 떡고물도 받지 못했기 때문에 그녀 앞에서 거리낌 없이 굴었으며, 그녀가 말하자면 그에게 죄인이나 다름없는 처지이고 그가 그녀를 올가미에서 꺼내 준 것이나 다름없다는 사실을 이용하여, 결혼 생활의 가장 평범한 예의조차도 두 발로 짓밟아 버리고 말았다.'

그리고 표도르는 소피아가 버젓이 집 안에 있는데도 불구하고 고

약한 여자들을 불러들여 지저분하고 떠들썩한 술판을 벌이기 일쑤였다. 소피아는 완전히 무시당하고 희생당했던 것이다. 그녀는 아마도 은인을 갈아치우기로 했던 자신의 선택을 깊이 후회했을 것이다. 그런데 그런 후회를 할 시간마저 그녀에게 주어지지 못했던 것 같다. 이 불행한 여자는 클리쿠샤라는 부인성 신경질환에 걸려 발작이 시작되었고 의식을 잃는 적도 많아졌으며 결국 목숨을 잃게 되었기 때문이다. 만약 이 이야기가 한국 전래동화 버전이라면 소피아를 흰 소복을 입고 구천을 떠도는 귀신으로 만들었을 가능성이 높다. 얼마나한 많은 삶이었을까. 얼마나 한 맺힌 죽음이었을까. 아젤라이다와 다른 형태로 소피아 역시 표도르를 만난 후 자신의 삶이 완전히 망가지는 꼴을 그대로 지켜보면서도 어쩔 수 없이 감당해야만 했던 것이다. 표도르가 어떤 인간인지, 얼마나 천박하고 파렴치한 인간인지, 두 아내의 삶과 죽음을 통해 우린 더욱 자세하고 구체적으로 알 수 있다. 이런 것들이 '카라마조프적'인 그 무엇에 분명히 큰 기여를 하고 있음은 말할 것도 없을 것이다.

앞서 성별이 카라마조프 유전자의 정체를 밝히는 데에 그다지 도움이 되는 것 같지 않다고 했다. 그렇다면 우리가 2장의 두 번째 '다름'의 항목에서 살펴볼 '나이' 혹은 '노화'는 어떨까? 과연 도움이 될까? 정황상 한 가지 확실한 점은 위에 소개한 둘째 아내 소피아의 이른 결혼을 통해 표도르의 또 다른 특징을 간파해낼 수 있다는 것이다. 알다시피 소피아는 열여섯 살 때 표도르의 청혼을 승낙했다. 아무리 21세기의 한국과는 시공간이 다르다 해도 열여섯 살이면 이차 성징이 이제 막 끝났거나 거의 끝나갈 무렵이다. 몸은 성장했을지 모르지만 이제 막 어른이 되어 현실감각이 전무한 상태였을 것이다. 더군다나 장군 미망인의 고집과 변덕에서 탈출하고픈 강한 욕망까지 합세하여 소피아는 표도르의 청혼을 승낙하는, 어쩌면 일생일대의 실수를 저지르고 만 것이라고 해석할 수 있다. 이를 표도르의 입장에서 보면 한 가지 기가 막힌 추측을 할 수 있다. 즉 표도르가 소피아에게 접근한 이유는 단지 장군 미망인의 돈을 노린 게 아니라 소피아가 어렸기 때문일지도 모른다는 점이다.

소피아가 나이가 조금 더 들었거나 철이 들었다면 과연 표도르가 소피아에게 청혼을 했을까? 그 약삭빠른 파렴치한이? 아마도 아닐 것이다. 아무리 돈이 좋아도 그 돈은 장군 미망인만 가지고 있는 게 아니었기 때문이다. 아마도 다른 여자를 찾아갔을 가능성이 높다. 다시 말해, 카라마조프 유전자는 약자를 이용하는 데에 코가 밝고 발이 빠른 특징을 발현하는 유전자일지도 모른다는 말이다. 한 마디로 사악한 '불의 DNA'라고 칭할 수 있겠다. 좋게 말하면 처세술과 상황 판단이 귀신처럼 뛰어난 특징을 보이게 해주는 DNA라고도 표현할 수 있겠지만, 표도르의 눈에는 소피아가 아내, 혹은 동등한 인격의 여자로 보였을 리가 없기 때문에 아무래도 '불의 DNA'라고 하는 게 적당해 보인다. 뒤늦게나마 바라기는 소피아가 조금만 더 나이가 들었거나 성숙한 여자였다면 어땠을까 한다. 카라마조프 유전자가 마음껏 발현되어 자신을 장악하기 이전에 미리 그것의 접근을 차단할 수 있는 가장 좋은 방법이 아니었을까 싶은 마음을 지울 수가 없기 때문이다.

그렇다면 아이와 어른의 경계는 어떤 방법으로 설정할 수 있을까? 단지 생년월일을 따라서 계산된 어떤 특정한 나이를 기준으로 삼아야 할까? 아니면 아이와 어른을 구분할 수 있는 다른 생물학적 특징을 기준으로 삼아야 할까? 실제로 나이는 어른을 구분 짓는 공식적인 방법으로써 우리들이 일상생활에서 가장 흔하게 접할 수 있는 상식적인 방법이다. 성인인증을 위해서 필요한 것은 주민등록번호, 즉 공식적인 나이인 것이다. 그러나 엄밀히 말하자면 만 18세가 되었다고 해서 모두 어른이 되는 건 아니다. 제도적인 어른과 생물학적인 어른은 항상 같지는 않다. 생물학적인 관점에서 보면 나이만으로 아이와 어른을 나눌 수는 없다는 말이다. 그렇다면 무엇이 아이와 어른을 구분하는 생물학적 기준이 될 수 있을까?

성숙

물론 이 질문은 대부분의 사람들에게 해당되지 않을지도 모른다.

대다수의 사람들은 만 18세가 되면 2차 성징이 끝나며 생물학적으로는 성인이 되어 아이를 낳을 수 있는 몸이 되기 때문이다. 국가적인 교육제도 역시 나이라는 기준이 반영되어 있다. 그러나 우리 주위에는 소수지만 만 18세가 되어도 생물학적 성인이 되지 못한 사람도 존재하고, 만 15세 밖에 되지 않았는데도 불구하고 벌써 아이를 가질 수 있는 몸이 되는 사람도 존재한다. 생물의 다양성을 여기에서도 관찰할 수 있는 것이다. 대다수의 사람들이 어떤 모습을 보인다고 해서 그것을 정상이라고 정의하는 건 생물의 다양성 측면에서는 언제나 모순일 수밖에 없다. 다양성의 측면에서는 정상과 비정상의 구분이 존재하는 게 아니라 수가 많고^{빈번하고} 적음^{드묾}이 존재할 뿐이다.

단도직입적으로 말하자면, 보편적으로 누구에게나 적용할 수 있는 아이와 어른을 구분하는 정교한 생물학적 기준은 존재할 수 없다. 모두가 다르기 때문이다. 한 사람 한 사람이 서로 다른 발육 상태를 보이고 우리가 쉽게 장애라고 부르거나 증후군이라고 부르는 경우에 해당하는 소수자들에게까지 일괄적으로 적용할 수 있는 개인 맞춤형 기준은, 이론적으로 존재할 수 있을지 몰라도 그것을 알아내는 방법도, 적용하는 방법도 묘연하기 때문에 보편성을 획득하여 제도로 사용하기에는 불가능하다. 그래서 사회적으로 통용되는 만 18세라는 기준은 모두에게 적용될 수 없다는 허점에도 불구하고 대다수의 사람들에게 해당되기 때문에 법으로 제정되고 실제로 사용되고 있다.

이런 제도적인 기준을 차치하고 여기선 생물학적인 관점을 살펴보도록 하자. 앞서 설명했듯이 생물학적으로 성인의 몸으로 변화하는 시기는 청소년기 또는 사춘기라고도 부르는 10대에 주로 찾아온다. 이때 사람은 신체적인 면에서 아이에서 어른으로 성장하기 때문이다. 정신적인 부분에서도 변화가 찾아오지만 생물학적인 관점에서 정의하는 아이와 어른을 나누는 기준은 신체적인 면에 치중한다. 조금 더 구체적으로 말하자면, 자녀를 만들 수 있는 몸으로 변화하는지가 관건인 것이다. 여자의 경우엔 임신 가능한 상태가 되고 남자의 경우엔 사정을 할 수 있는 기능을 갖추게 되는 상태가 곧 생물학적인 어른의 정의인 셈이다. 이런 과정을 성숙화 과정Maturation이라고 한다. 성숙화 과정은 가시적인 차이, 이를테면 여자의 경우엔 유방과 골반의 발달, 남자의 경우엔 고환과 목젖의 발달 등을 나타내지만, 이런 현상을 유도하는 주체는 앞 장에서 배웠듯이 호르몬이다. 그렇다면 호르몬은 가시적인 현상을 나타내기까지 몸의 내부에서 어떤 일을 하는 걸까?

먼저 여자의 경우 뇌하수체 전엽에서 분비된 여포자극호르몬은 난소에 이르러 그 안에 존재하는 여포follicle를 여러 단계에 걸쳐서 성숙시킨다. 이를 여포의 성숙화 과정Follicular Maturation이라고 한다. 여포는 작은 주머니 모양의 세포 집합체로써 주로 어떤 분비 물질을 내부에 가지고 있는 구조물을 뜻하며 여러 장기에 포진해 있는데, 그 중 특히 난소의 피질에 위치한 여포를 난포라고 부르기도 한다. 여포 안에는 난자가 존재한다. 즉 여포를 성숙시키는 목적은 그 안에 존재하는 난자의 발달을 촉진하기 위함이며, 충분히 성숙된 여포는 난자를 난소 밖으로 배출하게 된다. 우리가 배란이라고 부르는 단계에 이르게 되는 것이다. 성인이 된 여자는 태어날 때부터 가지고 있던 난자의 수를 다 사용하기까지, 즉 폐경에 이르기까지 매달 이러한 과정을 반복하게 된다. 그리고 알다시피 배란 후 정자와 만나지 못하게 되면 두꺼워졌던 자궁내막의 일부가 탈락하게 되면서 질을 통해 혈액이 배출되게 된다. 우리가 잘 아는 월경이라는 현상이다. 요컨대, 호르몬은 여포와 난자라는 세포를 성숙시키면서 성인 여자의 몸을 매달 임신 가능한 상태로 만들고 있는 것이다.

반면 남자의 경우 여자와는 달리 2차 성징을 겪으면서 처음으로 정자를 생성하게 된다. 여자에게는 원래 가지고 있던 난자를 배출하기 시작하는 시기가 2차 성징이라면, 남자에게는 정자를 태어나 처음으로 만드는 시기가 2차 성징인 것이다. 여포자극호르몬은 고환에 이르러 세르톨리^{Sertoli} 세포를 자극하여 정자의 생성을 유도한다. 반면, 황체형성호르몬은 고환 안에 있는 라이디히^{Leydig} 세포를 자극하여 테스토스테론 분비를 유도한다. 2차 성징 이전의 남자 고환 안에는 정자의 미성숙한 유형의 세포인 정원세포^{Spermatogonium}만이 존재하지만, 2차 성징이 시작되면서 테스토스테론의 분비가 시작되면 정원세포는 발달하기 시작하여 여러 단계를 거쳐서 정자를 생성하게 되는 것이다. 정원세포는 여전히 46개의 염색체를 가지고 있지만, 2차 성징 때 남성 호르몬인 테스토스테론에 의해서 생식세포분열이 진행되어 비로소 23개 염색체를 가지는 정자가 생성되는 것이다. 이 과정을 정자 발생과정Spermatogenesis라고 부르며 이는 미성숙한 정자의 원형세포로부터 완전한 기능을 갖춘 정자로의 성숙화 과정이라 할 수 있다.

생물학적으로 어른이 되는 과정 전체를 성숙화 과정이라고 표현할 수 있다. 이 과정은 세포 단위에서도 마찬가지이다. 2차 성징을 이끄는 호르몬의 역할로 인해 여자와 남자의 가장 큰 차이 중 하나인 생식기관을 구성하는 중요한 세포의 성숙화 과정이 모든 성숙화 과정의 근간이 된다.

노화

동일한 시간이 흐르지만 아이는 자라고 어른은 늙는다. 그러나 아이도 결국 어른이 되기 때문에 모든 인간은 늙는다. 그리고 늙는 과정인 노화Aging의 마지막 도착지는 죽음이다. 모든 인간은 태어나자마자 죽음을 향해 달려가는 존재인 것이다. 그런데 인간은 왜 늙는 걸까? 노화는 왜 진행되는 걸까? 이 질문은 아주 오래된 질문이다.

불멸을 꿈꾸던 진시황始皇帝의 이야기는 모든 인간 안에 숨은 보편적인 욕망을 드러낸 이야기일지도 모른다. 안타깝게도 진시황을 비롯한 숱한 사람들이 불멸을 꾀하고자 했으나 성공한 사람은 아무도 없다. 문명이 발달하고 분자생물학을 비롯한 여러 과학이 최첨단으로 발전했지만 여전히 노화의 원인은 밝혀지지 않았다. 물론 많은 과학자들은 노화를 일으키는 여러 인자들을 밝혀내긴 했다. 노화는 하나의 원인으로 설명할 수 없는 현상일지도 모른다는 것이 현재 정설로 자리매김하고 있다. 현대 과학자들은 어떤 특정한 한 가지 원인이 아닌 복합적인 여러 원인들의 상호작용으로 노화가 진행된다고 보고 있으며, 노화는 피할 수 없는 과정이라는 데에 입을 모은다. 태어남과 자람 그리고 이어지는 늙음과 죽음. 누구에게나 공평한 인간의 인생이다.

2차 성징을 거치며 폭풍 같은 성장과 성숙을 경험하고 생물학적 어른으로 진입한 청소년들은 성장판이 닫히면서 더 이상 성장하지 않는다. 엄밀히 말하자면, 노화의 시작은 2차 성징이 끝난 즈음이라고 할 수 있다. 생물학자들은 25세 안팎을 노화가 시작되는 나이로 본다. 성장이 멈추고 얼마 지나지 않아 인간은 늙기 시작하는 것이다. 피부에 주름이 지기 시작하고, 머리카락이 조금씩 빠지기도 하며, 피부에 멍이 들어도 빨리 낫지 않고, 눈이 빨리 피로해지며 가까운 것들에 초점 맞추기가 힘들어진다. 특별한 운동을 하지 않으면 자연스레 근육이 줄어들어 기초대사량뿐 아니라 활동대사량까지 대폭 줄어들기 시작하여 예년처럼 먹어도 살이 금방 붙는다. 이런 것들이 우리가 일상에서 쉽게 느낄 수 있는 노화의 징후다. 그렇다면 우리가 피할 수 없는 노화를 일으키는 생물학적인 원인들은 어떤 것들이 있을까?

먼저 세포의 노화Senescence를 노화의 원인으로 들어야 할 것이다. 세포생물학적인 관점에서 아이와 어른의 가장 큰 차이점 중 하나는 세포의 분열 능력이라고 할 수 있다. 아이와는 달리 발달 및 성장 과정이 다 끝난 어른의 경우, 대부분의 세포는 세포 분열을 할 수 있는 능력을 상실하게 된다. 물론 모든 세포가 그런 건 아니다. 40대를 지난 어른이라도 어떤 특정한 세포는 여전히 분열하고 분화하는 능력을 갖고 있다. 가령, 상처가 났을 때 그 상처 난 부위가 아무는 과정은 아이보단 속도가 느리고 완벽하진 않지만 어른들에게서도 여전히 이뤄진다. 또한 세포의 수명이 상대적으로 짧은 세포들, 즉 소화 기관을 이루고 있는 상피세포들이나 혈액을 구성하는 혈구세포들은 사람이 죽을 때까지 분열과 분화를 한다. 생각해 보면 꽤 상식적인 이야기다. 사람은 살기 위해서 죽을 때까지 먹고 소화하고 배출하며, 심장이 멈추는 그날까지 피는 온몸을 순환하기 때문이다. 그러나 나머지 신체 장기를 이루는 세포들의 대부분은 더 이상 분열하지 않는다. 일시적이거나 가역적인 현상이 아니라 비가역적인 현상이다. 돌이킬 수 없는 강을 건넌 것이다. 또한, 각 장기에 소수로 존재하는 줄기세포의 숫자 역시 줄어들고 기능도 점점 상실된다. 인간의 노화는 결국 세포 노화의 총체적인 열매라고 할 수 있으며, 인간의 노화를 소급하면 세포의 노화에 다다른다고도 표현할 수 있겠다.

그렇다면 왜 세포는 분열 능력을 상실하게 되는 걸까? 이 질문 역시 답이 한 가지가 아니다. 여러 인자들이 복합적으로 일으키는 현상인 것이다. 흔히 알려져 있는 대표적인 원인 중 두 가지는 텔로미어Telemere 길이가 줄어드는 현상, 그리고 DNA 손상Damage이 있다. 텔로미어는 염색체 말단에 존재하며 반복되는 염기서열을 가진다. 앞서 살펴본 것처럼 세포는 한 번씩 분열할 때마다 먼저 DNA를 복제하는데, 이 과정에서 모든 염색체의 길이가 조금씩 짧아지는 필연적인 현상이 발생하게 된다. 그 이유는 DNA 복제를 담당하는 효소Polymerase가 가진 방향성으로 인해 텔로미어 부분을 복제하지 못하기 때문이다. 그래서 우리 몸은 텔로머레이즈Telomerase라는 특별한 효소를 동원하여 텔로미어 부분을 복제해 만들기도 한다. 그러나 텔로머레이즈는 배아 단계의 세포들이나 줄기세포에서나 다량 발현하며 역할을 다한다. 대부분의 정상적인 체세포에서 텔로머레이즈는 발현하지 않는다. 그렇기 때문에 대부분의 세포는 세포 분열시 염색체 길이가 짧아지는 현상을 필연적으로 맞이할 수밖에 없다. 세포의 종류마다 다르겠지만, 세포마다 정해진 세포 분열 횟수에 다다랐다면 염색체의 길이가 그만큼 짧아졌기 때문에 세포는 더 이상 DNA 복제를 하지 않기로 결정하게 되고, 이는 자연스레 세포 분열 능력 상실을 초래하며 세포 노화에 들어서게 되는 것이다.

DNA 손상 역시 세포 노화를 초래하는 강력한 원인으로 알려져 있다. DNA 손상은 의외로 일상생활에서 쉽게 일어난다. 먼저 담배 연기나 오염된 공기를 접한다든지, 자외선에 강하게 혹은 장시간 노출된다든지 하는 외부적인 요인이 있다. 또한 DNA 복제 오류와 체내에서 대사 과정의 부산물인 활성산소ROS, Reactive Oxygen Species의 과도한 생성과 같은 내부적인 요인이 복합적으로 작용하여 DNA의 손상을 불러일으키게 된다. 복구할 수 없을 정도로 DNA가 손상되면 우리 몸은 그 손상된 DNA를 가진 세포를 분열하지 못하게 막고 죽음으로 유도한다. 돌연변이가 생긴 세포를 계속 분열하게 그대로 두었다가는 암세포로의 변이가 가능해지기 때문에 우리 몸은 미연에 이를 방지하는 것이다. 이렇게 DNA 손상을 감지하여 미리 그 세포를 제거하는 기능이 암을 예방하는 좋은 역할을 하지만, 이 방법은 세포 자체를 죽이는 방법이기 때문에 최종적으로는 정상 세포 수가 줄어든다는 단점을 피할 수 없다.

세포의 사멸Apoptosis 역시 노화의 대표적인 원인이자 징후다. 흔히 알려져 있는 알츠하이머나 파킨슨 병 같은 경우 뇌세포의 사멸이 주요 원인이 된다. 나이가 들수록 뇌의 기능이 점차 떨어지며 그 결과 인지 능력이 감소하게 된다. 인지 능력뿐 아니라 여러 감각 기능까지 쇠퇴하게 된다. 또한 암에 걸릴 확률이 40대를 즈음해서 급격하게 증가하게 된다. 소아암도 존재하지만 대부분의 암은 어른이 걸린다. 암 발생을 저지하는 유전자들Tumor Suppressor Genes의 발현이 점점 줄어들기 때문이다. 여기서 우리는 노화를 일으키는 요인 중 다른 한 가지는 유전자의 발현 조절에 있다는 사실도 알 수 있다. 노화는 복합적인 요인들이 복잡한 상호작용으로 일으키는 현상인 것이다.

과학과 의학의 발달로 인해 노인층이 늘어나고 있다. 1950년대만 해도 평균 수명이 50세 안팎이었다. 그러나 평균 수명은 해가 바뀔수록 꾸준히 늘어서 2021년 현재 80세를 웃돈다. 우리나라에서도 이제 60세를 환갑이라고 축하하던 풍습이 점점 사라져 가고 있다. 100세 시대에서 60세는 아직도 살아갈 날이 많이 남은 청춘이기 때문이다. 그 결과 노인의 비율이 전체 인구에서 점점 늘어나고 있다. 앞에서 살펴본 것처럼 이들은 모두 노화 과정을 이미 겪었거나 겪고 있는 사람들이다. 과거와는 달리 이제 우리는 수명뿐 아니라 삶의 질도 고려해야 하는 이유다. 그러기 위해서 노화에 대한 연구는 생물학 분야에서 점점 중요한 자리를 차지하고 있으며, 암 연구뿐만 아니라 대사 질환 연구도 덩달아 점점 더 중요해지고 있는 실정이다. 이제 우리는 '어떻게 하면 오래 살 수 있을까?'를 고민해야 하는 게 아니라 '어떻게 하면 잘 죽을 수 있을까?'를 더 고민해야 하는 시대에 살고 있다.

혈액형

둘째 아들

표도르의 둘째 아들 이반과 셋째 아들 알료샤는 그의 둘째 아내 소피아로부터 낳은 아들이다. 먼저 이반과 알료샤는 모두 첫째 드미트리와 전혀 다른 인물로 묘사된다. 혈연관계라는 증명만 없으면 형제라고 할 수 없을 만큼 서로가 독특하고 고유한 캐릭터로 등장한다. 유전학적으로 보면 배 다른 어머니로부터 태어난 이반과 알료샤는 드미트리와 아무래도 다를 수밖에 없다. 아젤라이다와 소피아는 남남이었기 때문이다. 완전히 다른 피, 다른 DNA가 표도르의 DNA와 한 쌍을 이뤄 아들을 탄생시켰기 때문이다. 그러나 재미있게도 같은 배에서 태어난 이반과 알료샤의 차이는 드미트리와의 차이만큼이나, 아니 그 차이보다도 오히려 더 큰 차이를 보인다고 할 수 있다. 소설 속에서 이반과 알료샤의 차이는 선과 악의 차이라고 해도 무방할 만큼 극과 극의 선명한 대비를 이루기 때문이다. 오직 법적인 서류, 가령 가족관계증명서 같은 서류만이 같은 아버지, 같은 어머니 사이에서 태어난 두 형제라고 증명하는 유일한 방법일 듯하다.

이반에 대해서 조금 더 살펴봐야 하는데, 그러기 위해선 「대심문관」이라는 서사시를 짚고 넘어가지 않을 수 없다. 이반이라는 인물을 가장 명징하게 드러내는 소설 속 장치가 바로 이 서사시이기 때문이다. 『카라마조프가의 형제들』의 줄거리를 모르더라도 「대심문관」의 내용이 무엇인지 아는 사람이 있을 만큼 이 서사시는 여러 다양한 분야에서 인용될 정도로 유명하다. 눈치 챘겠지만 「대심문관」은 네 아들 중에서 가장 학구적으로 뛰어났고 명석한 두뇌의 소유자 이반이 직접 지어낸 서사시다. 그 내용은 그의 기상천외한 발상으로 이뤄지는데, 이단들을 잡아 가두고 처형하는 데에 혈안이 되어있던 16세기 스페인 세비야에 예수가 조용히 재림하게 되고, 대심문관에 의해 감옥에 가둬진 예수에게 대심문관이 밤에 홀로 조용히 찾아와 조롱과 비난이 낭자한, 그러나 논리적으로 반박하기엔 거의 불가능하게만 보이는, 섬뜩할 정도로 논리적인 추궁과 나무람으로 일관된 궤변을 내뱉은 독백이다.

악마와 손을 잡은 존재, 혹은 악마가 현현한 존재라고도 볼 수 있는 무리들(교회와 종교지도자들이라고 볼 수 있다. 예수의 정신과 정반대로 돌아선 그들의 거침없는 타락을 꼬집는 메시지로도 해석 가능할 것이다)을 대표하는 대심문관의 독백이 주요 타겟으로 삼은 성서 본문은 『신약 성서』의 「마태복음」 4장으로 예수가 사십 일 금식 이후 광야에서 사탄에게 시험 받는 장면이다. 예수는 기적과 신비와 권위라는 키워드로 각각 해석할 수 있는 사탄의 세 가지 유혹에 대하여 『구약 성서』의 「신명기」로 대처한다. 그러나 대심문관은 그때 예수의 선택과 대응이 부적절했고 심지어 지혜롭지 못했다고 일갈하게 되는데, 그 주된 일갈의 저변에는 예수의 인간에 대한 기대가 과장되었고 인간이란 존재에 비해 너무나도 고결해서 허무맹랑하기까지 했던 존중과 사랑을 인간에게 준 나머지 그들에게 주었던 자유의지는 그들이 감당하기에 거의 불가능에 가까운 이상이며, 감당할 만한 인간이 있다 하더라도 어차피 극소수에 불과할 테고, 그렇다면 결국 예수는 인간을 사랑했다고 말할 수 없다는 논리가 흐른다.

한 마디로, 예수는 인간을 너무 사랑한 나머지 결국 사랑하지 않은 것처럼 되었다는 것이고, 예수가 인간에게 주었던 자유의지는 결국 그들을 옭아맸을 뿐이며, 그들에게 준 평화는 그들을 불안과 초조에 떨게 만든 나머지 구속하는 효과를 냈을 뿐이라는 논리다. 이 치명적인 논리는 「대심문관」을 정직하게 읽은 모든 독자들의 할 말을 잃게 만들기에 부족함이 없다. 다음 발췌하는 문장은 대심문관의 핵심 논리를 잘 대변해준다.

'맹세코, 인간은 네가 생각했던 것보다 약하고 저급하게 창조되었단 말이다! 인간이 네가 행한 것을 행할 수 있을까. 과연 그럴 수 있을까? 인간을 너무도 존중한 나머지 너는 마치 그를 더 이상 동정하지 않는 것처럼 행동한 꼴이 되어 버렸고, 이는 인간으로부터 너무도 많은 것을 요구했기 때문이다. 그것도 인간을 자기 자신보다 더 많이 사랑했던 그자, 바로 그자가 말이다!'

기가 막히지 않는가? 논리적으로 예수의 편에 서서 대심문관에게 반박을 해볼 텐가? 그러나 「대심문관」에서 예수는 끝까지 침묵을 고수하다가 대심문관에게 조용히 다가가 입을 맞춘다. 그리고 대심문관은 몸을 부르르 떨면서 감옥 문을 열고 다음과 같이 말하며 예수를 몰래 놓아준다.

"어서 가라. 그리고 다시는 오지 마라. 두 번 다시 오지 말란 말이다. 절대로. 절대로!"

이는 이성과 논리의 치밀함도 결국은 작은 실천적 사랑에 굴복할 수밖에 없다는 사실을 상징하는 장면이라고 해석 가능할 것이다. 또한, 이 서사시 속의 대심문관이 이반을 상징한다고도 해석할 수 있다. 실제로 2권을 지나 3권에서 이반은 처절하게 무너지는데, 이반의 무너짐은 대심문관의 굴복의 변주인 셈이다.

이렇듯, 「대심문관」의 저자가 이반이라는 사실 하나만 보더라도 이반이 소설 속에서 어떤 인물로 그려지는지 쉽게 이해할 수 있다. 그는 철저한 무신론자이며 합리주의자이다. 네 아들 중에서 가방 끈이 제일 길며 가장 지적이다. 그래서 예리하고 냉철한 이성으로 사건, 사고를 관찰하고 분석할 줄 안다. 아버지 표도르와 형 드미트리는 가방 끈이 짧은데다 돈과 여자에 대한 탐욕으로 가득 찬 인물인데 반하여 이반은 지식이라는 무기로 가문에 흐르는 그 무언가를 거스르기라도 하는 듯한 이미지를 보여준다. 마치 도스토예프스키가 '카라마조프적'인 그 무엇은 적어도 무식함이 아니라는 것을 증명이라도 하는 듯하다.

그렇다면 둘째 아들 이반은 표도르와 드미트리가 가진 방탕함과 음탕함이라는 두 날개를 장착한 돈과 여자에 대한 탐욕을 가지고 있을까? 그렇다고 주장할 근거가 사실상 희박하다. 왜냐하면 이반은 소설이 끝날 때까지 돈과 여자 때문에 어떤 일을 도모하지도 않았을 뿐더러 그것 때문에 일을 그르치는 실수를 범하지 않기 때문이다. 비록 소설 속에서 이반이 한 여자, 다름아닌 첫째 아들 드미트리의 약혼녀이기도 했던 카체리나 이바노브나 베르호프체바를 보고 한 눈에 반하게 되는 일이 벌어지긴 하지만, 젊은 남자 앞에 아름다운 여인이 나타날 때 반하는 건 어지간한 남자들의 당연한 반응일 것이므로 아무래도 이 일을 놓고 이반을 표도르와 드미트리와 한통속으로 몰아넣긴 힘들다.

이처럼 이반에게 아버지와 형에게서 전혀 찾을 수 없는 특징을 심어놓은 건 아마도 도스토예프스키의 숨은 의도 중 하나를 암시하는 게 아닐까 한다. 바로 '카라마조프적'인 그 무언가를 함부로 정의하거나 판단하지 못하도록 말이다.

우리는 '카라마조프적'인 그 무언가의 정체를 규명하고 그것의 유전이 어떻게 발현되는지를 알아보고자 지금까지 표도르, 아젤라이다, 드미트리, 소피아 그리고 이반까지 간략하게 살펴봤다. 그런데 갈수록 점점 그게 무엇인지 묘연해져가는 것 같다. 그래도 표도르와 아젤라이다 그리고 드미트리까지만 살펴봤을 땐 그나마 카라마조프 DNA가 돈과 여자에 대한 탐욕 정도로 정리할 수 있을 것 같았다. 그런데 소피아와 이반까지 탐색해보니 그 정리마저도 힘을 잃는 것 같기 때문이다. 그러나 분명히 이 '카라마조프적'인 그 무엇, 즉 카라마조프 DNA가 존재하고 그것이 유전이 되었다면 분명 우리가 살펴보고 있는 아버지와 아들 사이에 흐르는 어떤 공통점을 발견하게 될 것이다.

이제 우리는 이런 의문과 질문에 대해 분자생물학적인 관점과 더불어 유전학적인 관점으로 조금 더 깊고 넓게 들어가 보려고 한다. 앞에서 DNA, 염색체, 유전체, 게놈 등의 분자생물학 용어는 이제 어느 정도 익숙해졌을 것이다. 이젠 염색체를 기반으로 움직이는 유전학의 기초 지식을 익힐 차례가 된 것 같다. 유전자의 의미만 안다고 해서 유전을 이해한 건 아니다. 유전에는 법칙이 있다. 그 법칙을 기본적으로라도 이해하게 된다면 우린 조금 더 우리가 찾던 답에 한 발자국 더 가까이 다가가 있을 것이다.

대립 유전자

여자와 남자, 아이와 어른, 이 두 가지 이외에도 우리가 일상생활에서 쉽게 접할 수 있는 사람의 생물학적 차이는 생각보다 많다. 그중 대표적인 한 가지가 혈액형이다. 혈액형을 구분하는 방법은 여러 가지가 존재하지만, 우리에게 가장 친숙하고 가장 널리 사용되는 방법은 'ABO식 혈액형'이다. 우리는 'ABO식 혈액형' 덕분에 생물학 전문지식이 없어도 대부분 유전학의 기본을 이해하고 있다. 우리는 엄마가 A형이고 아빠도 A형이면 자녀는 A형뿐 아니라 O형도 가능하고, 엄마 아빠가 모두 O형이면 자녀는 무조건 O형이라는 정도는 알고 있다. 이렇게 일상에서 쉽게 접할 수 있는 여러 가지 혈액형과 가계도를 상식처럼 이해하고 있다. 그런데 바로 여기에 유전학에서 아주 중요한 용어인 '대립 유전자Allele'에 대한 이해가 녹아 있다는 사실을 아는 사람은 그리 많지 않을 것이다.

'대립 유전자'란 같은 염색체, 같은 위치에 존재하는 어떤 하나의 유전자가 가질 수 있는 두 가지 이상의 다른 형태를 말한다. 같은 유전자이지만 염기서열이 조금씩 다르고, 경우에 따라 길이 자체가 다르기도 한다. 이때 우리가 헷갈리지 말아야 할 사실은 이렇게 염기서열이나 길이가 다르다고 해서 그 대립 유전자를 함부로 돌연변이 유전자라고 정의하지 않는다는 점이다. 엄밀히 말하자면 생물학적으로 돌연변이란 DNA의 염기서열이 바뀌는 모든 경우를 지칭하는 단어이다. 하지만 대립유전자와 돌연변이를 구분하려는 이유는 우리들이 일상생활에서 돌연변이를 주로 부정적인 뉘앙스로 사용하기 때문이다. 그래서 군이 돌연변이와 대립 유전자의 차이를 설명하자면, 돌연변이는 주로 원래 주어진 기능을 상실하거나 역기능을 수행하게 되는 부정적인 경우고, 대립 유전자는 원래의 기능에서 크게 벗어나지 않지만 조금은 다른 기능을 수행하게 되는 경우로 이해하면 어느 정도 갈증이 해소되지 않을까 한다. 결과적으로 돌연변이 유전자는 염기서열의 변화로 인한 단백질의 기능 상실 혹은 불량을 야기하는 뉘앙스로, 반면 대립 유전자는 기능의 다양성을 야기하는 뉘앙스로 이해할 수 있겠다. 물론 기능이 다른 모든 대립 유전자는 돌연변이 과정에 의해서 나타난다고 말해도 100% 옳은 말이다.

앞서 살펴본 것처럼 사람은 염색체를 쌍으로 가진다. 하나는 엄마로부터, 다른 하나는 아빠로부터 받은 것이다. 대립 유전자 역시 부모로부터의 유전에 의해서 자녀에게 전달되기 때문에 엄마로부터 받은 대립 유전자 하나, 아빠로부터 받은 대립 유전자 하나를 갖게 된다. 물론 이 대립 유전자는 같은 번호를 가진 염색체 상의 같은 위치에 존재할 것이다. 대립 유전자를 설명하기 위한 대표적인 예인 ABO식 혈액형을 이용해서 조금 더 이 부분을 쉽게 풀어보면 이렇다.

ABO식 혈액형은 'ABO'라는 이름을 가진 유전자에서 비롯된다. 이 유전자는 9번 염색체 위에, 좀 더 정확하게 말하자면 9q34.2 위치에 존재하며 크게 세 가지 다른 대립 유전자를 가진다. 이 세 가지 대립 유전자의 이름은 우리가 잘 아는 A, B, O이다. 이때 한 가지 주의할 점은 A, B, O를 구분하는 기준은 DNA의 염기서열 그 자체라기보다는 이 ABO 유전자가 단백질로 만들어진 이후의 기능에 의거한다는 사실이다.

대립 유전자 A와 B는 각각 기능이 조금 다른 글리코실트랜스퍼라아제Glycosyltransferase라는 효소 단백질을 만드는 반면, 대립 유전자 O는 효소 기능이 상실된 단백질을 만들게 된다. 그래서 A와 B 입장에서 보면, O는 원래의 기능을 상실했기 때문에 돌연변이 유전자라고 이해할 수 있다(앞서 말했다시피 엄밀히 말하자면 A나 B 역시 돌연변이의 산물이라고 말할 수 있다). 그러나 A, B, O 라는 세 가지 다른 유전자끼리의 개별적인 관점에서가 아니라 ABO 유전자라는 전체적인 관점에서 바라볼 땐 O가 효소 기능을 상실한 단백질을 만드는 돌연변이라고 하더라도 이를 돌연변이 유전자라고 정의하기보다는 세 가지 대립 유전자 중 하나로 정의하게 된다. ABO 유전자가 만들어내야 하는 효소 단백질의 기능이 상실되더라도 생명에는 아무런 지장이 없으며 큰 생물학적인 차이를 내지 않는다는 점(O형 혈액형을 가진 사람이 우리 주위에 얼마나 많은가!)도 O를 돌연변이 유전자라고 정의하기 보다는 대립 유전자로 정의하는 한 가지 이유로 작용할 것이다. 이런 면에서 보면 돌연변이도 생명의 다양성에 상당한 기여를 한다는 사실을 알 수 있다.

이렇게 하나의 유전자(ABO)가 세 가지의 대립 유전자(A, B, O)를 취하지만, 사람은 이 유전자가 존재하는 9번 염색체를 한 쌍, 즉 두 개만을 가지므로 A, B, O 중 두 가지 대립 유전자만을 가질 수 있다. 그래서 간단한 산수를 실행해보면, 중복이 가능한 조합의 수는 AA, AB, AO, BB, BO, OO, 이렇게 총 여섯 가지가 된다. ABO 유전자에 여태껏 보고되지 않은 돌연변이가 생기지 않는 한 모든 사람은 이 여섯 가지 중 하나로 분류될 수 있는 것이다.

그런데 사람의 혈액형은 여섯 가지가 아니라 A형, B형, AB형, O형 이렇게 네 가지다. 이 모순처럼 보이는 현상의 이유를 알고 있는 사람도 우리 중엔 꽤 많이 존재한다. AA뿐 아니라 AO도 A형, BB뿐 아니라 BO도 B형이라는 사실을 벌써부터 알고 있기 때문이다. 여기엔 유전학에서 중요한 우성과 열성의 개념이 숨어있다. 우리가 일반적인 상식으로 알고 있는 우성과 열성에 대한 개념도 바로 이 '대립 유전자'의 개념으로부터 비롯되고 있었던 것이다. 말이 나온 김에 우성과 열성에 대해서도 조금 더 풀어보자.

우성

'멘델의 유전법칙'은 분명 어디선가 들어본 용어일 것이다. 사실 우리들이 알고 있는 유전학적 기본지식은 거의 멘델의 유전법칙을 지칭한다고 생각하면 될 정도로 이 법칙은 널리 알려져 있다. 그러나 이 법칙에서 가장 중요한 핵심개념이 우성Dominance이라는 사실을 아는 사람은 그리 많지 않을 것이다.

대립 유전자의 개념을 살펴봤기 때문에 이젠 우성과 열성을 이해할 수 있는 준비를 마쳤다고 볼 수 있다. 항상 그런 건 아니지만, 두 대립 유전자가 각기 다른 형질을 나타내게 될 경우가 있는데, 이때 개체에서 둘 중 어느 대립 유전자의 형질이 발현되는지가 바로 우성과 열성에 대한 개념이 등장하는 지점이 되겠다. 중고등학교 때 배운 기호를 사용하며 멘델이 사용한 완두콩 모양에 대한 예를 들면 옛 기억도 떠오르면서 우성에 대한 개념을 보다 쉽게 이해할 수 있을 것이다.

멘델Gregor Johann Mendel은 19세기 말에 태어났으며, 로마 가톨릭

사제 서품을 받은 수도사이자 수학자이며 식물학자였다. 그는 수도원에 있는 조그만 뜰에서 완두콩을 재배하면서 순수한 과학적 호기심과 실험을 통해 유전학의 기초를 마련했다. 잘 알려져 있다시피 멘델은 후대에 유전학의 아버지라는 칭호를 갖게 된다.

멘델은 완두콩이 크게 두 가지 모양으로 존재하고 있다는 사실을 관찰했다. 그는 주름 없이 둥근 모양과 주름진 모양의 두 콩을 교배했다. 그런데 교배한 결과 그 세대에서는 이상하게도 주름진 콩이 하나도 없는 것이었다. 모두가 주름 없이 매끄럽고 둥근 모양이었던 것이다. 그는 이 현상을 그냥 지나치지 않고 신기하게 여겼다. 여러 번 같은 실험을 해도 동일한 결과였다. 무언가 법칙 같은 게 있음이 분명했다. 부모 세대에 엄연히 존재하던 주름진 모양을 나타내는 형질이 자손 세대에서 감쪽같이 사라져버리다니!

주름진 콩은 어디로 사라진 것이었을까, 왜 사라진 것이었을까? 멘델은 이런 답 없는 질문에 멈추지 않고, 한 단계 더 나아간 실험을 진행했다. 모두 둥근 모양으로 태어난 자손 세대의 콩끼리 교배해보기로 했던 것이다. 그랬더니 이번엔 주름진 모양의 콩을 다시 발견할 수 있었다. 혹시나 해서 여러 번 반복해보았다. 결과는 같았다. 그는 두 번째 자손 세대 콩의 수를 세어보았다. 두 가지 모양의 비율을 알고 싶었던 것이다. 둥근 모양의 콩과 주름진 모양의 콩의 비율은 3:1 정도였다.

이 두 번의 교배가 바로 멘델의 유전법칙을 탄생시킨 역사적인 실험이었다. 멘델은 콩의 둥근 모양을 대문자 R, 주름진 모양을 소문자 r로 표현했다. 대립 유전자가 무엇인지도 모르던 시대에, 그런 개념조차 없던 시대에 우연히, 아주 우연히 대립 유전자와 우성에 대한 개념을 발견하고 실험으로써 깔끔하게 증명해버린 것이었다. 놀라운 일이 아닐 수 없었다.

R과 r은 서로 대립 유전자 관계에 있다. 모두 콩 껍질의 모양을 형질로 발현시키는 같은 유전자였던 것이다. 첫 부모 세대의 둥근 콩은 RR, 주름진 콩은 rr을 각각 대립 유전자로 가지고 있었다. 그러므로 둘을 교배한 결과는 당연히 Rr이었다. 하나는 엄마로부터, 다른 하나는 아빠로부터 받았기 때문이다. 그런데 Rr은 RR처럼 둥근 모양을 나타냈던 것이다. Rr끼리의 두 번째 교배는 RR, Rr, rr, 이렇게 총 세 가지 서로 다른 조합을 만들어냈다.

엄마도 R이나 r을, 아빠도 R이나 r을 50:50 확률로 자녀에게 전달할 수 있었기 때문에 RR과 rr은 전체의 사 분의 일씩, Rr은 전체의 이 분의 일로 존재할 수 있었다. 첫 번째 교배 결과로부터 RR이나 Rr은 모두 둥근 모양을 나타낸다는 사실을 알고 있었기 때문에 두 번째 자손의 사 분의 삼(RR, Rr, Rr)이 둥근 모양, 사 분의 일(rr)이 주름진 모양이라는 사실을 알 수 있었다. 멘델이 센 둥근 콩과 주름진 콩의 수가 나타내던 3:1의 비율은 바로 이 법칙을 설명하고 증명하고 있는 숫자였던 것이다!

R과 r은 서로 대립 유전자 관계에 있지만, 단백질로 만들어진 이후 콩의 형질로 발현되게 될 때에는 R을 우성, r을 열성 유전자라고 부르게 된다. R과 r이 함께 존재할 때에는 r의 주름진 형질이 아닌 R의 둥근 형질만 발현되기 때문이다. 그러므로 r의 주름진 형질은 R이 없을 때에만, 즉 rr일 때에만 발현되게 된다. 그 결과 우성과 열성 관계에 놓인 대립 유전자를 함께 가진 개체는 우성의 형질만을 나타내게 된다. 열성의 형질은 우성 형질에 의해 가려지는 것이다. 정리해보면, 우성과 열성의 유전법칙은 서로 다른 두 대립 유전자의 상호관계에서 기인한다. 그것도 DNA의 차이라기보다는 개체가 보인 형질의 차이에서 나타난 상호관계에서 기인한다.

그렇다면 다시 혈액형 얘기로 돌아가 보자. ABO 유전자는 A, B, O라는 세 가지 다른 대립 유전자를 가진다고 했다. 사람은 염색체를 쌍으로 가지기 때문에 이들이 만들 수 있는 서로 다른 조합은 AA, AB, AO, BB, BO, OO 이렇게 총 여섯 가지다. 그런데 혈액형은 여섯 가지가 아니라 A형, B형, AB형, O형 이렇게 네 가지밖에 되지 않는다. 알다시피 AA와 AO가 A형, BB와 BO가 B형이기 때문이다. 여기에 우성의 개념을 접목시켜볼 수 있다. 대립 유전자 O는 A나 B에 대하여 열성으로 이해할 수 있기 때문이다. 그래서 O형은 두 염색체가 모두가 대립 유전자 O를 가지는 OO일 때에만 가능해지는 것이다. 그런데 여전히 한 가지 풀리지 않는 의문이 남는다. 그렇다. 바로 AB형에 대해서다. 눈치가 빠른 사람들은 아마도 정확한 생물학 용어를 모르더라도 알아챘을 것이다. A와 B는 서로가 서로에게 우성 관계도 열성 관계도 아니라는 사실 말이다. 이 특별한 경우를 생물학 자들은 공동우성 관계로 설명한다. A와 B는 서로에게 가려지지 않고 각각 형질을 나타내기 때문이다.

한 가지 더 우성에 관계된 유전법칙을 소개하자면, '불완전 우성'이라는 개념이 있다. 앞서 설명한 둥근 콩과 주름진 콩의 관계나 혈액형을 나타내는 대립 유전자 A 혹은 B와 대립 유전자 O 사이의 관계에서는 우성과 열성이 공존할 땐 열성 대립 유전자의 형질이 우성 대립 유전자에 의해 가려졌다. 그런데 두 대립 유전자가 공존하는데도 불구하고 하나의 형질이 다른 하나에 의해 가려지지 않고 두 형질의 중간 형질이 발현되는 경우가 있다. 이 경우를 불완전 우성이라고 부른다. 그리고 이에 상응하여 앞서 살펴봤던 콩과 혈액형에서의 우성은 완전 우성이라고 부른다.

불완전 우성의 가장 잘 알려진 예는 금어초의 꽃 색깔이다. 붉은색의 금어초를 RR, 흰색의 금어초를 rr이라고 할 때 둘을 교배하면 Rr이 된다. 그런데 재미있게도 Rr은 붉은색도 흰색도 아니었다. 분홍색이었다. 붉은색과 흰색의 중간색을 나타낸 것이다. 즉 이 경우는 흰색이 붉은색에 대하여 열성 관계에 있다고 말할 수 없다. 예상할 수 있다시피 Rr끼리 교배를 하게 되면, RR:Rr:rr의 비율이 1:2:1로 나오게 된다. 이는 곧 붉은색:분홍색:흰색의 비율이다. 정말 재미있고 신기한 생명현상이지 않을 수 없다.

여기서 한 가지 꼭 짚고 넘어가야 할 부분이 있다. 우성과 열성에 대한 오해에 대한 부분이다. 앞서 살펴본 것처럼 우성과 열성이라는 개념은 두 대립 유전자 사이에서만 사용할 수 있다는 사실이다. 두 대립 유전자 사이에서 우성인 유전자도 세 번째 대립 유전자와 비교할 땐 우성이 아닐 수도 있다. 혈액형을 나타내는 세 가지 대립 유전자가 좋은 예다. AO나 BO에서는 A나 B가 O에 대하여 우성이기 때문에 O의 형질이 개체에서 나타나지 않는다. 이를 완전 우성이라 부른다고 했다. 그러나 A와 B가 같이 있는 AB의 경우에는 독립적인 AB형 혈액형을 나타낸다. A와 B는 서로가 서로에게 우성이나 열성 관계에 놓이지 않기 때문이다. 이를 공동우성이라 부른다. 그러므로 언제 어디서나 우성인 유전자는 존재하지 않는다. 오직 두 대립 유전자 사이에서만 사용할 수 있는 좁은 의미라는 사실을 절대 간과하면 안 되겠다.

또한, 흔히들 우성이나 열성이 유전 된다고 생각하는데 그렇지 않다. Rr끼리의 교배 결과 사 분의 일 꼴로 rr이 나올 수밖에 없기 때문이다. 둥근 콩끼리 교배한다고 해서 언제나 둥근 콩이 나오는 건 아니다. 물론 그 둥근 콩이 순종인 RR이라면 가능한 이야기이겠지만,

잡종인 Rr인 경우라면 멘델의 유전법칙에 따라 언제나 사 분의 일은 주름진 콩이 나오기 마련이다.

또 한 가지, 우성 유전자를 가졌다고 해서 그것이 '정상'이라거나 '건강하다'거나 '강하다'고 여기면 곤란하다. 다시 한 번 강조하지만, 우성과 열성의 개념은 두 대립 유전자 사이에서만 사용되는 지극히 협소한 개념이다. 우성 대립 유전자를 가졌다고 해서 그 개체가 열성 대립 유전자를 가진 개체보다 항상 우월한 형질을 보이는 게 아니라는 말이다. 둥근 콩보다 주름진 콩이 더 맛있을 수도 있고, A형과 B형의 혈액형을 가진 사람이 서로가 서로에게 더 건강하다거나 더 강하다고 주장할 수 없는 것처럼 말이다.

여기서 잠깐 카라마조프가의 혈액형을 생각해보는 것도 재미있을 것 같다. 한국에서는 마치 무속적인 믿음처럼 혈액형에 의해 사람을 판단하는 문화도 팽배해있지 않은가. 이를테면, B형 남자는 언제나 까칠하다고 믿는 성급한 일반화의 오류 말이다. 이런 면에서 보면 표도르의 혈액형은 무슨 형이었을까? 까칠한 B형 이었을까? 고집쟁이 AB형 이었을까? 돈, 광대, 호색, 무정, 불의 DNA를 가지고 있는 사람의 혈액형은 무엇일까? 어디까지나 재미로 하는 이야기이지만, 혈액형에서 한 가지 힌트를 얻을 수 있는 것은 '카라마조프적'인 그 무엇이 대를 이어가며 유지된다는 건 마치 혈액형의 패턴처럼 카라마조프 유전자가 우성 형질을 가지고 있는 건 아닐까, 하는 의심을 충분히 할 수 있게 된다는 점이다.

서로 남남인 세 아내의 형질을 모두 이겨내고 표도르의 형질만 계속 승승장구하며 네 아들에게 발현되었으니 말이다. 그렇다면 앞서 우리가 세워봤던 '카라마조프 유전자는 Y 염색체 상에 존재하며 어떤 기능을 담당해야 할 유전자가 돌연변이가 생겨 탄생하게 된 유전자다'라는 가설에서 조금 자유로워질 가능성이 생겨나게 된다. 즉 굳이 카라마조프 유전자가 Y 염색체 상에 존재할 필요가 없어지는 것이다. 22개의 상염색체 상에 존재하더라도 그 유전자가 우성 유전자라면 카라마조프가에 특이적으로 흐르는 '카라마조프적'인 그 무엇을 설명할 수 있게 된다.

또한 이 경우는 부계 유전에만 국한될 필요가 없다. 앞서 엉뚱한 상상을 해본 것처럼, 만약 카라마조프가에 딸이 존재했다면 그 딸 역시 네 아들과 마찬가지로 '카라마조프적'인 그 특징을 보여야만 했을 것이다. 성염색체가 아닌 상염색체에 카라마조프 유전자가 존재하고 그 유전자가 그 어떤 대립 유전자와 만나도 우성 형질을 나타냈을 테니 말이다.

대립 유전자와 우성 유전자의 개념을 숙지하고 나니 이렇게 좀 더 넓고 깊게 생각해볼 수 있게 되었다. 다음으로는 혈통에 대해 좀 더 알아보고자 한다. 우성이라는 의미에 대한 잘못된 선입견으로 인해 지금까지도 사람 간의 차별을 정당화시키는 암묵적인 수단으로 사용되곤 하는 인종 문제를 들여다보기로 한다.

혈통

셋째 아들

앞서 언급했듯이 표도르의 셋째 아들 알료샤는 둘째 이반과 같은 어머니에게서 태어났다. 즉 표도르와 소피아의 DNA가 절반씩으로 구성된 존재인 것이다. 그런데 놀랍게도 철저한 무신론자이자 냉철하고 이성적인 합리주의자인 이반과는 달리 알료샤는 그와 거의 반대의 캐릭터로 그려진다. 단지 엄마와 아빠의 DNA만으로는 이들의 차이를 설명하기 불가능한 지점에 다다르게 되는 것이다. 그러나 그리 이상할 것도 없다. 왜냐하면 같은 엄마와 같은 아빠의 형제, 자매들끼리도 서로 독립적인 개체가 아닌가. 형제, 자매의 DNA와 나의 DNA는 이 세상 그 어느 누구보다도 닮았겠지만, 서로는 엄연히 다른 존재이다. 소피아의 난자와 표도르의 정자가 가진 각각 23개의 염색체는 1번부터 22번까지의 상염색체, 그리고 X나 Y라는 하나의 성염색체로 구성되지만, 장차 이반이 될 수정란을 만든 정자, 난자와 장차 알료샤가 될 수정란을 만든 정자, 난자는 똑같을 수가 없다. 가령, 짝수 번호의 염색체는 엄마로부터, 홀수 번호의 염색체는 아빠로부터 구성된 생식세포라든지, 1번부터 11번까지는 엄마로부터, 12번부터 22번까지는 아빠로부터 구성된 생식세포라든지 하는 가능성을 생각해보면 같은 엄마, 아빠로부터 만들어진 수정란이라 하더라도 대립 유전자를 고려해볼 땐 충분히 다른 형질을 나타낼 수 있는 가능성이 생겨나는 것이다. 생식세포 분열은 한 번의 DNA의 증폭으로 두 번 연거푸 분열하는 시스템이기 때문에 난자나 정자가 만들어지는 모세포는 여느 체세포와 마찬가지로 46개의 염색체를 가지고 있었을 테고, 생식세포 분열 시 23개의 염색체가 무작위적인 조합으로 이뤄졌을 것이다.

엄밀히 말하자면, 이반과 알료샤가 각각 표도르와 소피아로부터 물려받은 염색체는 많이 닮았을 뿐 엄연히 다르다는 말이다. 이를 정확하게 밝혀내기 위해선 표도르의 부모, 소피아의 부모 세대까지 역추적 할 필요가 있다. 다시 말해, 이반과 알료샤에게 전해진 염색체 절반이 표도르의 아버지 쪽에서 받은 것인지 어머니 쪽에서 받은 것인지 알아야 하고, 마찬가지로 염색체 나머지 절반이 소피아의 아버지 쪽에서 받은 것인지 어머니 쪽에서 받은 것인지 알아야 확인 가능한 것이다. 그러나 이건 안타깝게도 소설에서 전혀 다뤄지지 않는다. 그러므로 우린 이 정도에서 제한된 자료만을 가지고 이반과 알료샤를 살펴봐야 하는 한계를 가지고 있는 것이다.

알료샤는 도스토예프스키가 계속 살아있었다면 완성되었을 『카라마조프가의 형제들』 제 2부에서 본격적인 주인공으로 그려질 예정이었다. 그래서 현재 버전인 『카라마조프가의 형제들』은 완성도가 높은 미완성작인 셈이고, 2부의 전주 혹은 배경이 되는 이야기로 구성된 소설이라고 볼 수 있다. 소설 속 가장 중심된 이야기를 이끌었던 드미트리가 시베리아로 떠나는 것으로 소설이 마무리되고 있기 때문에 아무래도 2부에선 도스토예프스키가 처음부터 밝힌 대로 알료샤의 활약을 중심으로 소설이 전개되었을 것이다. 그 부분을 평생 보지 못한다고 생각하면 안타까운 마음이 밀려든다.

이반이 악을 대변하는 역할을 담당한다면, 알료샤는 선을 대변하는 역할을 담당한다고 할 수 있다. 알료샤는 이반과 함께 어릴 적 잠시 그리고리의 손을 거친 이후 곧 친척 집을 옮겨 다니며 자랐었다. 소설 속 현재는 막내인 알료샤까지 모두 성인이 되고 난 이후의 시기이다. 재미있게도 알료샤는 이반보다 늦게 태어났음에도 불구하고 어릴 적 어머니의 모습을 더 잘 기억하고 있었다. 성인이 된 이후 아버지의 집도 이반보다 먼저 찾았다. 알료샤는 이반이 표도르를 찾았을 땐 이미 같은 동네에 있는 수도원에서 생활하고 있었다. 무신론자인 이반과 종교적인 면에서 완벽하게 상극에 위치해 있는 셈이다. 이반과는 달리 알료샤는 학업을 제대로 마치지도 않았다. 그 이유는 그가 지력이 모자랐다거나 게을렀기 때문이 아니었다. 혹은 돈이 없었기 때문도 아니었다. 단지 그가 학업을 그만 두고 수도원에 들어가는 게 그로선 가장 감동을 안겨 주는 적합한 일이라고 판단했기 때문이었고, 암흑에서 빛을 향해 몸부림치던 그의 영혼을 위한 이상적인 출구라고 판단했기 때문이었다. 알료샤는 조용하면서도 신앙심이 깊고 신중하면서도 자기 생각이 확고한 인물이었던 것이다.

「대심문관」이라는 서사시가 이반이 어떤 인물인지를 가장 잘 보여주는 도구라면, 알료샤가 어떤 인물인지 가장 잘 보여주는 도구는 「양파 한 뿌리」라는 우화라고 할 수 있다. 『카라마조프가의 형제들』은 총 3권으로 구성되어 있는데, 「대심문관」으로 1권의 대미를 화려하게 장식하며 독자들을 충격의 도가니로 몰아넣은 이반의 사상에 대응하기라도 하듯, 2권은 신의 존재와 구원과 사랑을 대변하는 조시마 장로의 일대기로 시작한다 (굳이 「대심문관」에서 예수는 이 소설 속에서 누구를 대변 하냐고 묻는다면, 조시마 장로라고 대답할 것이다). 그리고 곧바로 「양파 한 뿌리」 우화와 함께 알료샤의 이야기로 초점이 맞춰지게 된다. 소설 전체에 걸쳐 가장 중요한 인물이라고 할 수 있는 알료샤를 이해하기 위해 이 우화를 간략하게 짚어볼 필요가 있다.

우화 「양파 한 뿌리」는 단 한 페이지 밖에 안 되는 아주 짧은 분량이며, 재미있게도 아버지 표도르와 첫째 아들 드미트리 사이에서 삼각관계에 놓였던 그루센카가 셋째 아들인 알료샤에게 들려준 이야기다. 평생 착한 일이라곤 하나 하지 않았던 한 여인이 죽어 지옥 불바다에 떨어졌는데, 그 여인의 수호천사가 불쌍한 마음이 들어 여인이 살아있을 때 행했던 선행 하나를 기억해낸다. 구걸하던 거지 여인에게 양파 한 뿌리를 주었던, 아주 사소한 사건이다. 천사는 그 사실을 곧장 하느님께 아뢰고, 하느님은 그 천사에게 그 양파 한 뿌리를 들고 불바다로 가서 그 여인이 잡고 올라올 수 있도록 내밀라고 한다. 천사는 실행에 옮긴다. 불바다에서 고통당하던 여인은 천사의 도움으로 양파 뿌리를 구원의 동아줄로 잡았고, 천사는 그 줄이 끊어지지 않게 조심스럽게 여인을 끌어올리기 시작한다. 그런데 갑자기 불바다 속 다른 죄인들이 자기도 구원 받겠노라며, 양파 뿌리를 잡고 올라가는 여인의 다리와 몸에 필사적으로 달라붙기 시작한다. 자기에게 달라붙은 사람들을 발로 걷어차면서 여인은 이런 말을 내뱉는다. 그 순간 양파 뿌리는 끊어졌고 여인은 다시 불바다 속으로 떨어진다.

"나를 끌어올려 주는 거야. 너희들이 아니라. 이건 내 양파지, 너희들게 아니야."

개별적으로 이 우화를 보면 그저 충분히 우스갯소리로 치부할 수도 있다. 혹은, 전통적인 기독교 신학을 차치하고 생각한다면, 이 우화를 선행과 구원에 대한 인과관계로 받아들일 수도 있을 것이다. 그러나 『카라마조프가의 형제들』이라는 거대한 숲(써지지 않은 2부를 포함한)의 맥락에서 이 우화는 그저 의미심장하기만 하다. 이 우화의 의미를 종교적 해석과 무관하게 일차적으로만 생각해도, 양파 한 뿌리를 거지에게 건네는 것처럼 아주 사소한 선행(실천적 사랑)도 구원의 이유가 된다고 해석할 수 있다. 그러나 이 이야기의 요지는 구원의 '성취'가 아닌 구원의 '상실'에 있다. 수호천사 덕에 구원의 기회가 열린 사건보다 타자를 발로 걷어차며 자기만 구원 받겠다고 소리친 여인의 결과인 구원의 상실 사건에 이 우화가 던지는 메시지가 함축되어 있을 것이다. 그렇다면 이 여인은 왜 구원을 잃어버렸는가에 대한 질문에 답을 해야만 한다. 양파 한 뿌리의 작은 선행은 그 여인이 자기 몸에 달라붙은 다른 죄인들을 걷어찼다고 해서 사라지지 않는다. 작은 선행이 구원의 이유라면 그녀의 구원은 유효했어야 한다. 그러나 결과는 그렇지 않았다. 양파 뿌리는 끊어졌다. 왜일까?

이 질문의 답은 양파 한 뿌리의 작은 선행이 구원의 이유가 아니라는 데에 있다. 가정이 잘못되었기 때문에 답을 얻지 못했던 것이다. 구원이란 작은 선행만으로 받을 수 있는 게 결코 아니다. 도스토예프스키가 「양파 한 뿌리」로 말하고자 했던 구원은 아마도 하느님의 전적인 은혜를 오히려 더 역설적으로 강조하기 위함이지 않았을까 싶다. 양파 한 뿌리의 작은 선행은 인간이 할 수 있는 가장 사소한 선행을 대표하는 일이자 인간이란 존재가 할 수 있는 모든 행위를 압축적으로 표현하는 상징일 것이다. 기독교에서 말하는 구원은 인간의 어떤 행위로도 얻을 수 없다. 그리스도 예수를 통한 하느님의 은혜로 말미암는다. 여인이 타자를 걷어찬 이유 역시 이러한 구원의 유일한 방법, 즉 하느님의 은혜를 망각했기 때문이라고 해석할 수 있을 것이다. 아마도 다시 불바다 속으로 빠졌던 그 여인의 마음속에선 양파 한 뿌리가 구원의 동아줄로 내려왔을 때 다음과 같은 생각을 하지 않았을까. '맞아. 양파 한 뿌리를 내가 거지 여인에게 건네 줬었지! 내가 왜 그걸 몰랐을까. 고마워 수호천사. 나는 구원 받기에 합당했었던 거야!'라고 말이다. 즉 이 우화는 기독교적인 해석에 어긋나는 게 아니라 오히려 더 강화시키고 있는 이야기이며, 인간의 그 어떤 행위도 하느님의 구원에 이를 수 없다는 점을 상기시키는 이야기인 것이다.

그리고 이 해석은 곧장 '하나의 밀알'로 이어질 수 있다. 「양파 한 뿌리」의 선행으로 상징되어지는 인간의 모든(그러나 하느님 입장에선 사소하디 사소한. 생각해 보라. 양파도 작은데 그 뿌리는 얼마나 작은지) 실천적 사랑은 그 자체로써 구원의 척도는 될 수 없으나, 하나의 밀알로써 이후의 많은 열매를 위해 쓰임 받는다는 해석이다. 거기엔 기쁨이 있고 소망이 있으며 사랑이 있다. 진창 속에서도 구원의 빛이 임할 수 있는 이유는 그 속에도 진주가 있기 때문이고, 그 진주는 바로 하나의 작은 밀알, 작은 실천적 사랑일 것이다.

이 의미심장한 우화를 살펴본 이유는 「대심문관」이라는 서사시를 직접 쓰고 무신론 사상에 심취해있는 이반과 비교대조하기 위해서다. 단지 기독교의 하느님을 믿고 안 믿고의 차이를 말하는 게 아니다. 이반이 생각하는 사랑과 알료샤가 생각하는 사랑이 각각 다르다는 점에 훨씬 중요한 차이가 존재할 것이다. 이반의 사랑은 추상적이다. 인류 전체를 사랑한다는 것은 아무도 사랑하지 않겠다는 말과 다를 바 없을지도 모른다. 이에 반하여 알료샤의 사랑은 구체적인 한 사람을 향한 실천적 사랑이다. 이론과 실제 차이라고나 할까? 어쩌면 도스토예프스키가 이반을 이성과 합리로 무장하고 가장 지적인 인물로 그려놓은 이유가 그 지성의 한계가 결국 이론으로 머문다는 것을 넌지시 조롱하기 위해서가 아니었을까 싶기도 하다. 아무리 거대하고 아름답고 그럴듯한 사랑도 실천하지 못한다면 무슨 의미가 있겠는가. 조용히 일상에서 그저 이웃의 아픔을 공감하고 이야기를 들어주는 아주 작은 실천이 진정한 사랑일지도 모른다는 사실을 도스토예프스키는 이반과 알료샤를 대비시키며 말하고 싶었던 건 아니었을까.

이렇게 꽤나 철학적이고 신학적으로 의미심장한 차이를 보이는 이반과 알료샤가 같은 어머니 같은 아버지로부터 태어난 형제라는 사실을 상기해보면 정말 놀랍다는 말밖에 할 표현이 없다. 게다가 우리가 규명하고 싶어했던 '카라마조프적'인 그 무엇의 정체는 알료샤를 살펴보고 나서 더더욱 묘연해졌다. 드미트리와 이반과의 차이 혹은 드미트리와 알료샤와의 차이는 서로 다른 어머니, 즉 아젤라이다와 소피아의 차이로 설명을 시도할 수 있겠지만, 하필 같은 어머니의 배에서 태어난 이반과 알료샤의 차이는 설명하기가 더욱 어려워졌기 때문이다. 그리고 이 모순처럼 보이는 대비에 도스토예프스키의 철학적인 혹은 신학적인 메시지가 숨어있을지도 모르지만, 생물학적인 시선으로 이들의 닮음과 다름을 바라봤을 땐 도스토예프스키의 작품 설계에 대한 고찰도 가능해진다. 작가는 한 작품을 만들 때 각 인물 설정을 나름대로의 규칙에 입각하여 하게 되기 마련이고, 특히나 이 소설처럼 한 가계 안에서 벌어지는 사건, 사고를 다루는 책에선 생물학적인 유전 현상을 고려하지 않았을 리가 없기 때문이다.

자, 이제 사회적으로도 여전히 집요한 문제가 되고 있는 인종 문제가 담긴 다름에 대해서 본격적으로 들여다보기로 하자. 성별과 나이, 혈액형, 우성과 열성에 이어 서로 다른 혈통에 대한 우리 인간 사이의 다름에 대해서 생물학적으로 정확한 지식을 얻게 된다면 그것만으로도 인식론적 폭력에서 벗어날 수 있는 장점이 있겠으나, 바라건대 우리의 답을 찾아나가는 여정에도 도움이 되지 않을까 기대한다.

인종과 혈통

이 세상엔 몇 가지의 인종이 존재할까? 흔히들 백인Caucasoid Race, 흑인Negroid Race, 황인Mongoloid Race, 이렇게 세 가지로 구분하기도 하고, 아프리칸African, 아시안Asian, 유러피안European, 네이티브 아메리칸Native American, 오세아니안Oceanian 이렇게 다섯 가지로 구분하기도 한다. 인간 게놈 프로젝트 결과가 분석되기 전까지만 해도 사람들은 생물학적인 차이가 인종을 구분할 것이라 생각했다. 다시 말해, DNA 혹은 어떤 특정 유전 형질이 인종을 규정한다고 믿었던 것이다. 그러나 놀랍게도 인간 게놈 프로젝트 결과는 다른 결과를 말하고 있었다. 인종은 생물학적인 기준만으로 규정될 수 없다는 것이었다. 그 이유는 같은 인종이라 여겼던 사람들 간에도 유전적 차이가 현저하게 컸기 때문이고, 이는 곧 한 인종을 정의하는 어떤 특정 유전 형질이 존재하지 않는다는 사실을 가리키고 있었기 때문이다.

실제로 피부, 머리, 눈동자 색을 결정하는 유전자는 극히 소수에 불과하다. 인간 게놈 프로젝트는 인간의 유전자가 총 2만~2만 5천 개 정도 존재한다고 추정했다. 물론 아직 정확한 유전자 수는 모른다. 모든 유전자의 기능을 아직 밝히지도 못했다. 더 놀라운 것은 유전자라는 개념의 정의조차 계속해서 수정되고 있으므로 아직 명확하지 않다는 것이다. 그리고 색을 결정하는 유전자 수가 10~20개 정도라고 추정하고 있는데 앞으로 과학자들이 더 찾아낼 수도 있다. 그러나 수십 개 정도가 된다 하더라도 이는 전체 유전자 수의 0.05~0.1% 정도밖에 되지 않는다. 이를 거꾸로 말하면, 99.9% 이상의 유전자는 인종을 구분하는 데에 있어 언급조차 되지 않았다는 말이다. 그러므로 0.1%도 되지 않는 유전자의 차이로 인간의 우열이 결정된다고 주장한다는 건 아무래도 억지스럽다.

그렇다면 인종이란 그저 신화인 것일까? 단순히 사회적 산물인 것일까? 생물학적인 의미는 전혀 없는 것일까? 적어도 생물학자들과 사회과학자들은 인종이란 사회적 산물이지 생물학적인 속성이 아니라는 데에 입을 모은다. 그래서 과학자들은 인간의 다양성을 설명하기 위해 더 이상 Race인종라는 단어가 아닌 Ancestry가계, 혈통이라는 단어를 선호한다. 인종Race은 눈으로 관찰 가능한 몇 가지 외형, 이를테면 피부색, 머리색, 눈동자색 등의 유전적 영향이 큰 특징 그리고 언어나 종교, 문화와 사회적 지위 등의 비생물학적 특징을 모두 아우르는, 명확한 정의가 없을뿐더러 정의하기 나름인, 그래서 정치적인 목적으로 빈번하게 사용되는 개념이다. 영어로 인종은 Ethnicity라는 단어도 있는데 이는 Race보다도 좀 더 문화적인 차이를 강조할 때 사용되곤 한다. 두 단어는 명확하게 구분되지도 않을뿐

더러 종종 같은 의미로도 사용된다. 이 책에서는 이 둘을 같은 의미로 보기로 한다.

그런데 인종과 달리 혈통은 지역적인 개념이다. 어떤 한 사람의 조상이 과거 어느 지역에서 살아왔는지에 대한 추적 정보인 셈이다. 여러 세대로 이루어진 조상들이 이곳저곳에 정착해서 그 지역 사람과 결혼을 하여 자녀를 낳았다면, 겉으로는 푸른 눈과 금발에 백인이라 하더라도 DNA를 조사해보면 여러 지역, 즉 여러 국적으로 이루어진 가계의 흔적을 발견할 수 있게 된다. 현재 어떤 한 사람이 가진 외형에 의지해서 사람을 구분하는 방법이 인종이라면, 과거 여러 세대의 조상까지 추적하여 현재의 자신을 알아보는 방법이 혈통인 것이다. 인종이 어떤 힘을 가진 집단의 유익에 따라 주관적이고 정치적으로 이용될 수 있는 방법이라면, 혈통은 분자생물학과 유전학적인 접근방법으로써 자신을 구성하고 있는 여러 유전적인 흔적들을 알 수 있는 과학적이고 객관적인 방법이 되는 셈이다. 에스키모나 소수의 어느 특별한 부족처럼 아주 오랜 기간 동안 한 지역을 벗어나지 않고 세대를 거듭해온 예외적인 경우가 아니라면, 대부분의 혈통을 추적한 결과 여러 지역에서 거주한 조상들의 유전적 흔적을 발견할 수 있다.

(참고로, '23andMe' 같은 업체를 이용하면 합리적인 금액으로 DNA 분석을 통해 자신의 혈통을 조사할 수 있다. 단일민족이라고 알려진 한국인의 이용 사

례를 몇몇 살펴봐도, 한국인 100%로 나오는 사람은 아무도 없다. 모두가 여러 지역이 뒤섞인 결과를 받게 된다. 하물며 광범위한 지역에 퍼져있는 백인이라 일컫는 서양인들은 국적과 거의 무관한 결과가 나오는 경우도 많을 것이다. 우생학 하면 떠오르는 히틀러 시대에 이런 검사제도가 있었다면 아우슈비츠에서의 홀로코스트는 없었을지도 모른다.)

인종이라는 단어로 인간의 차이를 구분 짓는 것은 시대착오적이다. 그러나 여전히 이 단어는 통용되고 있다. 물론 미국 같은 힘을 가진 나라에서 사회 정치적인 개념으로써 사용된다. 생물학적 특징이 인종을 구분 짓지 않는다. 하나의 인종을 구분 짓는 생물학적 특징은 없다. 그렇다고 해서 우리가 모두 생물학적 특징이 같다는 말은 아니다. 우린 다양한 생물학적 특징을 가진다. 다만, 이 차이는 인종이라는 개념을 사용할 때처럼 '우열'의 뉘앙스가 가미된 게 아니라, '다양성'이라는 아름다운 의미를 가진다. 생물학적인 특징을 언급하며 우리의 다름을 언급하고 싶다면, 혈통이라는 개념을 활용하면 된다. 그러면 그동안 전혀 다른 족속이라 여겼던 많은 사람들이 알고 보면 그리 다르지 않다는 사실을 알게 될 것이다. 실험실 생쥐나 어떤 애완용 개처럼 인간에겐 순종이란 존재하지 않는다. 혈통을 조사한 결과 어떤 한 지역이 압도적으로 높게 나온다 하더라도, 그 의미는 단순히 조상부터 그 지역에서 오래 살았다는 사실 이외엔 아무것도 아니다. 한 지역에 오래 살았다고 우월한 인간이 되지 않는다.

피부색, 머리색, 눈동자색

인종을 구분 짓는 잣대는 관찰 가능한 외형적인 몇 가지 요소다. 대표적으로 '피부색'이 있고, 그 외에도 '눈동자색', '머리색', '키' 등이 있다. 물론 이런 잣대를 동원하여 사람들을 몇 개의 그룹으로 나눌 수는 있다. 엄연하게 관찰 가능한 현상이니 말이다. 그러나 우리가 알아둬야 할 중요한 사실 두 가지가 있다. 첫째, 이런 외형적인 차이는 인간이 가진 전체 게놈 중에서 극히 일부분에 의해서 결정된다는 점이다. 인간은 세 가지나 다섯 가지의 인종으로 구성되지 않는다. 인간은 단 하나, 인간이라는 종에 속한다. 실제로 전 세계 모든 인간은 약 99.9%에 달하는 DNA를 공유한다. 그리고 나머지 0.1%의 DNA 조차 생물학적인 특징이 아니라 환경과 같은 외부 요소에 의해 영향을 받아 진화한 결과일 뿐이다. 인간의 우열은 결코 생물학적인 결과가 될 수 없다. 둘째, 이런 외형적인 차이가 지능과 관련이 있다는 논리는 미신이고 거짓이다. 색을 나타내는 유전자는 한 가지가 아니라 여러 가지이며 아직 다 밝혀지지도 않았다. 지능을 나타내는 유전자 역시 그동안 수많은 연구가 행해졌지만 밝혀진 건 없다. 하물며 색을 나타내는 유전자와 지능을 나타내는 유전자가 존재한다 하더라도 그것들 사이에 연결점이 있다고 주장하는 건 어불성설일 뿐이다. 여기서, 인종이라는 개념을 사용하여 힘 있는 자들이 자신의 세력의 우월함을 입증하기 위해 사용했던 피부색, 머리색, 눈동자색이 사람들에게서 어떻게, 왜 다르게 나타나는지 분자생물학/유전학적인 접근으로 과학적인 사실을 간단히 짚어보도록 하자.

피부색

우리는 색에 관련해서 여러 가지 오해를 하고 있다. 이는 지식의 부족일 수도 있고, 인간의 모순된 나약함 때문일 수도 있다. 많은 오해가 있지만, 여기에선 네 가지만 짚고 넘어가보려고 한다.

'피부색을 나타내는 유전자가 단 하나 존재한다.'

첫 번째 오해이고 사실이 아니다. 하나가 아니라 여러 개 유전자들의 조합으로 색이 결정된다.

'흑인이면 흑색을, 황인이면 황색을, 백인이면 백색을 나타내는 유전자가 각각 따로 존재한다.'

두 번째 오해이고 이 또한 사실이 아니다. 흑색, 황색, 백색의 세 가지 서로 다른 색이 존재하는 게 아니라, 멜라닌의 많고 적음에 따라 피부색이 결정된다. 멜라닌이 많으면 흑색으로 적으면 백색으로, 중간 정도이면 황색으로 나타나게 된다. 엄밀히 말해서, 피부색을 나타내는 여러 유전자들은 특정한 '색'을 만들어내는 게 아니라 멜라닌이라는 색소 생성에 관련된 역할을 담당할 뿐이다. 그러므로 흑인에겐 흑색을, 황인이면 황색을, 백인이면 백색을 나타내는 유전자가 따로 존재하는 게 아니라, 같은 유전자이지만 기능의 차이로 피부색이 결정된다.

'피부색은 흑색, 황색, 백색, 이렇게 세 가지가 불연속적으로 뚜렷하게 구분된다.'

세 번째 오해이고 이 또한 사실과 다르다. 흑인들끼리도, 황인들끼리도, 백인들끼리도 멜라닌 색소의 양이 제각각이다. 즉 양자 도약처럼 디지털화되어 불연속적인 세 가지 색이 존재하는 게 아니라, 피부색은 아날로그식으로 연속적이다. 그래서 모든 사람이 고유의 피부색을 가진다고 표현하는 게 더 정확하다. 그러므로 흑인, 황인, 백인의 구분은 엄밀히 말하자면 그 경계가 존재할 수가 없다. 단순히 상대적으로 누가 더 검은지 누가 더 흰지를 말할 수 있을 뿐이다.

'피부색은 오직 생물학적인 결과일 뿐이다.'

네 번째 오해이고 당연히 사실이 아니다. 언제나 생물이 나타내는 표현형은 유전적인 이유와 환경적인 이유가 복합적으로 작용한 결과다. 예를 들어, 동일한 한국인이라 하더라도 미국에서 태어나고 자란 2세들과 한국에서 태어나고 자란 아이들은 생김새에서도 차이가 난다는 점, 그리고 DNA가 동일한 일란성 쌍둥이가 다른 환경에서 자랐을 때 전혀 다른 사람인 것처럼 바뀔 수도 있다는 점은 환경의 영향을 잘 말해준다. 피부색 역시 환경적인 이유로 바뀔 수 있다. 쉬운 일례로 햇빛을 많이 받는 사람들의 피부가 그렇지 않은 사람들보다 더 검다는 사실을 떠올리면 이해하기 쉬울 것이다. 실제로 자외선 노출로 인해 멜라닌 생성이 촉진된다. 그리고 그 반대도 예측 가능할 것이다. 햇빛을 보지 못하면 상대적으로 하얘진다. 이때, 인간의 진화는 개인에게서 일어난 유전적인 변이가 적절한 환경을 만나 적응하여 살아남아 세대가 거듭되면서 집단을 만들 때 일어난다는 점을 함께 상기하면 좋겠다.

피부색은 멜라닌Melanin 색소Pigment의 양에 따라 연속적으로 나타나는 현상이다. 멜라닌은 멜라노사이트Melanocyte라는 특정한 세포로부터 생성되며, 생성된 멜라닌은 멜라노사이트 안에 존재하는 멜라노좀Melanosome에 저장된 후 나중에 피부 세포로 이동되기도 한다. 체내에서 생성되는 멜라닌은 두 가지다. 하나는 유멜라닌Eumelanin, 다른 하나는 페오멜라닌Pheomelanin이다. 유멜라닌은 갈색~흑색을 띠며, 유멜라닌 생성이 많은 사람은 피부뿐 아니라 머리색까지 짙은

색을 나타낸다. 반면, 페오멜라닌은 황색~적색을 띠는데, 이는 피부뿐 아니라 머리카락, 입술, 젖꼭지, 음경, 질 등에 다량 존재한다. 한 사람 내에서도 피부로 이뤄진 여러 신체 기관의 색이 다양한 것이다.

흑인처럼 짙은 피부색은 유멜라닌 생성이 많은 사람들인데, 그 이유는 멜라닌 생성을 담당하는 세포, 즉 멜라노사이트 수가 더 많기 때문이 아니다. 멜라노좀의 수와 크기 그리고 페오멜라닌보다 유멜라닌 생성이 상대적으로 많기 때문이다. 반대로 백인처럼 옅은 피부색은 유멜라닌 생성이 적은 사람이며, 멜라노사이트 수가 적기 때문이 아니라 멜라노좀의 수와 크기가 감소되어 있으며 페오멜라닌 생성이 상대적으로 많기 때문이다. 즉 백인이라고 해서 멜라닌 생성이 없는 게 아니라, 멜라노좀의 수와 크기, 유멜라닌과 페오멜라닌의 상대적 양이 차이가 날 뿐이다. 참고로, 멜라닌 생성이 없는 사람의 경우를 알비노Albino라고 부른다.

머리색

머리색 역시 멜라닌의 양에 의해 결정된다. 피부의 경우 짙은 색부터 옅은 색 순으로 흑색, 황색, 백색으로 특징지어지지만, 머리카락의 경우는 색이 다르다. 짙은 색부터 옅은 색 순으로 흑색, 갈색, 금색, 적색으로 나타난다. 물론 피부의 황색을 갈색이라고 표현하기도 하며, 머리카락의 적색을 짙은 오렌지색으로 표현하기도 한다. 원리는 피부색의 다양성과 같다. 유멜라닌이 가장 많으면 흑색, 즉 검은 머리, 적당한 양이 있으면 갈색 머리, 거의 없으면 금발 머리로 나타난다. 붉은 머리는 유멜라닌이 금발 머리처럼 거의 없지만 페오멜라닌 양이 많아 나타나는 현상이다. 우리가 잘 아는 '빨강머리 앤'은 유멜라닌 양은 적으나 페오멜라닌이 많았던 게 틀림없다.

눈동자색

눈 구조에서 검은 동공을 감싸고 있는 부분, 즉 홍채의 색을 우린 눈의 색으로 인식한다. 눈동자색은 피부색이나 머리색보다 더 다양하다. 대신 원리는 같다. 멜라닌의 양과 종류에 따라 차이가 나는 것이다. 기본적으로 짙은 색부터 옅은 색 순으로 갈색, 녹갈색, 녹색, 청색으로 나타난다. 이런 색 외에도 아주 드물게 회색, 분홍색, 보라색 등도 존재한다. 하지만 이 드문 색들은 홍채가 가지는 멜라닌의 양과 종류 때문만이 아니라 그 아래에 존재하는 혈관이나 지지세포 등의 영향으로 결정된다고 알려져 있다. 그렇다면 이 질문에 대해 어떤 대답을 할 수 있을까?

"푸른 눈의 색이 진짜 푸른색일까?"

유멜라닌 양이 줄어듦에 따라 피부색의 경우 검은색에서 점점 옅어져서 하얀색이 되고 머리색의 경우 검은색에서 점점 옅어져서 금발이 되는 현상은 납득할 만한데, 눈동자색의 경우에는 갈색에서 점점 옅어져서 푸른색이 된다는 게 좀처럼 이해하기가 쉽지는 않을 것이다. 푸른색은 짙은 갈색이 점점 옅어진다고 해서 나타날 수 있는 색이 아니라 독립적인 다른 색이라고 생각되기 때문이다. 그렇다면, 푸른 눈을 만드는 유전자가 따로 존재하는 것일까? 푸른 눈은 정말 다른 눈보다 뭔가 특이한 유전자가 작동하는 것일까? 그렇지 않다. 이런 질문을 받을 때마다 항상 대답하는 말이 있다. 뜬금없는 말로 들릴지도 모르겠지만, 하늘과 바다를 떠올려 보라고 대답한다. 푸른 하늘과 푸른 바다가 진짜 푸른색일까? 답은 당연히 "아니다"이다. 하늘과 바다는 오히려 투명하다고 표현해야 하지 않은가! 하늘과 바다가 푸르게 보이는 이유는 빛의 산란 때문이다. 가시광선 영역에서 상대적으로 파장이 짧은 푸른빛이 흡수되는 것보다 산란되는 현상이 강해서 우리 눈에 푸르게 비치는 것이다. 마찬가지다. 유멜라닌 양이 적어 색이 옅어진 사람의 눈 역시 푸른빛이 산란되어 우리 눈에 푸르게 보이는 것이다. 같은 원리로 초록 눈은 갈색 눈과 푸른 눈의 중간 형태라고 생각하면 된다. 덩달아서 빛이 없으면 색도 존재하지 않는다는 사실도 다시 상기하면 좋을 듯하다.

앞서도 언급 했지만 0.1%도 되지 않는 유전자의 차이로 인간의 우열이 결정된다고 주장한다는 건 아무래도 억지스럽다. 그 이면에 숨은 의도를 의심하지 않을 수 없다. 나아가, 이렇게 눈에 보이는 색으로 사람을 구분하여 우열을 나누는 악행은 유전자가 무엇인지, 유전자 수가 얼마나 되는지, 어떤 유전자가 색을 나타내는 데에 관여하는지에 대한 지식이 전무할 때부터 벌어졌던 사실임을 기억할 때, 우린 인종이라는 개념에 대한 우리의 고정관념을 당당하게 지워버릴 수 있지 않을까 생각한다. 이러한 개념을 만들었던 사람들은 자신과 자신이 속한 집단의 유익을 위해 타자를 배제하고 혐오하여 차별을 행했을 뿐이고, 그런 행태를 정당화하기 위해 생물학적인 근거를 들이대고 싶어 했으나 안타깝게도 생물학은 정반대의 사실을 말하고 있었다. 이것이 가치중립적인 과학의 힘이다. 과학은 사적인 유익에 근거한 이념을 꼼짝 못 하게 만들며, 인종을 내세워 우열을 논하는 이들의 주장에 전혀 근거를 제공하지 않으며, 약한 자들에게는 위로와 공평의 의미를 가질 수 있도록 돕는 훌륭한 수단이 되는 것이다. 우리는 어느 인종에 속할까? '아시안'에 동그라미를 치고 싶겠지만, 마음속으로라도 거부해야 하지 않겠는가! 우리는 아시안이 아니라 인간이라고. 인간은 오직 한 종일뿐이라고.

인종과 혈통 문제 이면에 있는 생물학적인 사실을 살펴본 우리는 그동안 오해했던 것들을 바로 잡을 수 있는 기회가 되지 않았을까 싶다. 이것만으로도 이 여행을 제안한 나로서는 만족이다. 그러나 우리가 찾고 있는 '카라마조프적'인 그 무엇의 정체에 대해 인종과 혈통으로부터 얻은 지식은 과연 어떤 도움을 주었을까? 안타깝게도 직접적인 도움이 되진 않은 것 같다. 그러나 간접적으로 도움이 된 건 저자 도스토예프스키에 대해서다. 도스토예프스키는 러시아인이다. 그는 1821년에 모스크바에서 의사의 아들로 태어났다. 알려진 바로 슬라브주의자였고 특히 러시아 민족주의자였다고 한다. 슬라브족 중에서도 러시아 슬라브인들의 우월성을 믿었던 사람이었다고 한다. 슬라브족은 예로부터 주로 동유럽과 러시아에 이르는 광범위한 지역에 거주하는 사람들을 일컫는데 앞에서 살펴본 개념을 적용해보자면 인종이 아닌 지역 개념이 들어간 혈통에 기반을 둔 구분임을 알 수 있다. 여기서 우린 인종만이 아닌 혈통에 의해서도 인간은 자기가 속한 집단의 우월성을 강조하게 된다는 사실을 목도할 수 있다. 이는 단일민족인 한국인의 우월성을 한국인인 우리가 공개적으로 천명하는 것과 다를 바 없다. 도스토예프스키가 탁월하다는 점은 충분히 인정하겠으나 그가 속한 러시아 슬라브인 모두가 우월하다는 말에는 동의하기 어렵다. 인간의 본성과 심리를 시대와 지역과 문화를 초월하여 파헤친 대가 도스토예프스키 역시 소설과는 달리 한계를 가진 한 인간이었음을 알 수 있는 부분이기도 하다. 어느 집단이 다른 집단보다 생물학적으로 우월한 점을 눈을 씻고 찾으면 분명 존재할 것이다. 그러나 그 소수의 차이로 인간 전체로 확장시켜 일반화시키는 건 시대착오적이라고 말할 수밖에 없다. 그래도 도스토예프스키의 슬라브주의적인 입김이 소설에는 깊숙하게 드러나지 않아 참 다행이라 생각한다.

다양성

백치 여인 그리고 넷째 아들

표도르의 넷째 아들 스메르쟈코프를 살펴보기에 앞서 그의 어머니 리자베타를 언급하지 않을 수 없다. 이 여인은 지적 장애를 앓기까지 했는데 그녀는 온 도시 사람이 다 알 만큼 평생 여름과 겨울을 가릴 것 없이 삼베옷 윗도리 하나만 달랑 걸치고 맨발로 온 거리를 돌아다니던 백치였다. 아무렇게나 잠을 잤기 때문에 외모는 형편없을 수밖에 없었다. 그녀의 어머니는 오래 전에 죽었기 때문에 그녀를 돌봐줄 사람도 없었다. 그런데 이런 불쌍한 여인을 겁탈하고 강간하여 임신까지 시켜놓은 작자가 바로 표도르였다. 다시 한 번 언급하지만, 표도르는 정말 인간 말종에 가깝다고 표현하지 않을 수가 없다. 이 가엾은 여인은 아기를 낳고 곧바로 죽었다. 그 아이가 바로 스메르쟈코프이다.

개인적으로 이 소설을 읽으면서 가장 무서웠던 인물이 스메르쟈코프였다. 도스토예프스키는 소설 속에서 그를 비열하고 잔꾀가 많은 인물로 그리고 있다. 그의 첫 등장부터 마치 표도르를 살해할 인물이라는 암시라도 주는 것 같은 기분을 느낄 수 있었다. 그런데 어찌 보면 그가 표도르를 살해한 것은 충분히 예상 가능한 일이었는지도 모른다. 왜냐하면 그가 그리고리의 손에서 성장하고 난 이후 자신의 아버지가 표도르라는 사실, 자신의 어머니가 자기를 낳다가 죽었다는 사실, 그리고 그 죽음의 배경에는 표도르의 강간이 있었다는 사실을 알게 되고는 끝내 자신을 아들로 인정하지 않는 표도르를 죽여버림으로써 어머니의 복수를 할 거라고 짐작할 수 있기 때문이다. 물론 이 방대한 소설 속에서 스메르쟈코프의 비중은 가벼운 편에 속하기 때문에 그의 복수극은 소설 속 중심 이야기에 비하면 곁가지 정도의 이야기로 치부되기 쉽다. 그래서 나중에 표도르를 살해한 진범이 스메르쟈코프라는 사실을 알게 되는 순간, 충분히 스메르쟈코프의 상황을 알고 있었음에도 불구하고 뜻밖이라는 결론을 내릴 수밖에 없게 된다. 즉 그가 표도르를 살해한 이유는 자기 어머니의 복수만으로는 설명하기가 어렵다는 말이다. 여기엔 둘째 아들 이반과의 접점이 생기는데, 그것은 이반이 그에게 알려준 사상, '모든 게 허용된다. 즉 살인도 허용된다'는 사상이다. 스메르쟈코프는 이반과의 마지막 일대일 만남에서 자기가 표도르를 죽인 진범임을 모두 고백하고 다음과 같은 뼈 있는 말을 남긴다.

'사실은 도련님도 아버지가 죽기를 바라서 나를 정신적으로 교사한 것 아닙니까? 나는 도련님이 원하는 대로 행동한 것뿐입니다.'

이 말은 이반에게 커다란 죄책감을 안기고 말았다. 그리고 스메르 쟈코프는 그 이후 스스로 목을 매어 자살했다. 표도르를 살인한 진범 이 사라지는 순간이었던 것이다. 살아남아 죄책감과 정신적 충격에 휩싸인 이반은 정신분열증에 걸리고 만다. 자기는 직접 손에 피만 묻 히지 않았을 뿐 살인을 조장한 장본인이라는 생각에서 벗어날 수가 없었던 것이다.

스메르쟈코프까지 살펴봤으니 벌써 여행의 막바지에 다다랐다 는 뜻이다. 지금까지 표도르로부터 시작해서 생물학적인 세 아내와 네 아들을 모두 하나씩 살펴봤다. 어떤 느낌이 드는가? 나는 이 여행 을 함께 한 우리 모두의 입에서 '다양성'이라는 의미의 대답이 나오 길 기대한다. 우리는 '카라마조프적'인 그 무엇의 정체를 밝히기 위 한 여정에서 기초적인 세포생물학, 분자생물학, 유전학 지식을 두루 익혀왔다. 가문에 흐르는 그 무엇을 '닮음'의 관점만이 아닌 '다름'의 관점으로도 고찰해왔다. 앞에서 닮음과 다름은 서로를 폭로한다고 했다. 서로가 다르다는 생물학적인 사실을 알게 되니 어떻게 그 다름 사이에서 닮음을 유지할 수 있는지에 대해 뜻밖의 힌트를 얻게 되었 으리라 생각한다. 마지막 남은 항목은 다양성에 대해서다. 이는 우리 모두에게 해당되는 이야기다. 물론 우리가 살펴본 카라마조프가의 모든 구성원에게도 적용되는 이야기다.

여자와 남자, 아이와 어른, 서로 다른 혈액형, 서로 다른 혈통에 이어 사람들의 생물학적 차이는 여전히 산재해있다. 기본적으로 우리 중에 똑같은 사람은 아무도 없으며 모든 개별적인 사람은 고유한 특징을 가지기 때문이다. 이번 장에서는 어떤 특정한 형질을 언급하기보다는 서로 다른 형질을 야기하는, 하지만 앞에서 설명하지 않은 생물학적인 원리들을 알아보려고 한다.

선천성 질환

태어날 때부터 장애를 가진 경우를 선천성 질환이라고 한다. 흔히들 유전적인 원인이 선천성 질환의 유일한 원인이라고 여기겠지만 사실이 아니다. 의외로 원인은 상관없다. 어떤 이유로든 태어날 때 장애를 가진다면 모두 이 부류에 속한다. 물론 유전적인 원인도 한 가지 중요한 원인이다. 하지만 그 이외에도 선천성 질환을 야기하는 원인은 많다. 이를테면, 산모가 유해한 환경에 노출될 때 태아에게 직접적인 피해가 갈 수 있다. 신체적 장애는 물론 지적 장애나 발달 장애 등이 그 예가 되겠다.

우리가 일상에서 흔하게 접할 수 있는 산모가 주의해야 할 환경적인 요소 한 가지는 흡연이다. 흡연은 산모뿐 아니라 모든 사람에게 폐암과 더불어 여러 폐질환과 심혈관계 질환을 야기한다고 알려져 있다. 산모에게도 마찬가지다. 흡연을 하면 산모는 산모대로 건강이 해로워지고 태아는 태아대로 흡연의 피해를 그대로 입는다. 산모와 태아 사이에 놓인 태반은 담배를 이루는 주 화학 물질인 니코틴을 거르지 못하고 그대로 통과시키기 때문이다. 참고로 태반은 산모의 혈액과 태아의 혈액이 섞이지 않도록 막는 역할을 하는 동시에 아주 촘촘한 필터 역할을 하는데, 태반을 통해 태아는 산모의 혈액으로부터 산소와 영양분을 공급받고 이산화탄소와 노폐물을 산모에게 전달한다. 그러나 니코틴 같은 크기가 상대적으로 작으며 지용성인 화학물질은 걸러내지 못한다. 그래서 흡연을 하면 산모의 혈중에 녹아든 니코틴이 태반을 통해 그대로 태아에게 전달되는 것이다. 알코올도 마찬가지이므로 흡연뿐 아니라 음주 역시 태아에게 직접적으로 피해를 준다.

산모의 흡연이나 음주와 같은 환경적인 요소는 유전적인 요소와 달리 조절이 가능하다. 그러나 유전적인 요소에 의해 선천성 질환을 가지는 태아의 경우는 산모의 의지와 바람을 넘어서는 조절 불가능한 영역이다. 주위에서 심심찮게 접할 수 있는 예 중에 겸형 적혈구 빈혈증Sickle Cell Anemia이 있다. 1장에서도 잠시 언급했던 이 질환은 11번 상염색체 상에 위치하며 헤모글로빈 단백질을 코딩하는 DNA 염기서열에 돌연변이가 원인이다. 부모 양쪽으로부터 돌연변이 염색체를 물려받아 두 상동염색체 모두가 돌연변이가 된 경우이다. 말하자면 열성 유전의 한 예이다. 그러므로 부모는 두 개의 11번 염색체 중 하나만 돌연변이가 생긴 염색체를 보유하고 있었다는 사실을 알 수 있다. 멘델의 유전법칙에 따라서 사 분의 일의 확률로 우리의 자녀가 이 질환을 가지고 태어나게 되는 것이다.

한편, 우리가 일상에서 적어도 한두 번 쯤은 경험했을 선천성 질환의 한 예는 바로 다운 증후군Down Syndrome이다. 다운 증후군의 95 퍼센트는 21번 상염색체가 한 쌍, 그러니까 두 개가 아니라 세 개인 경우를 말한다. 다운 증후군을 가지고 태어난 아이의 경우 신체장애, 지적 장애, 발달 장애를 겪게 되며 조기 사망 확률이 높은 편이다. 그런데 다운 증후군은 부모로부터 물려받은 형질이 아니다. 알다시피 다운 증후군을 앓고 있는 사람의 부모는 다운 증후군이 아니다. 즉 다운 증후군은 앞서 살펴본 성염색체 이상으로 생기는 여러 증후군의 원리와 마찬가지로 11번 상염색체가 제대로 분리되지 않은 채 생겨난 정자나 난자가 수정에 성공하여 총 47개의 염색체를 가진 수정란이 탄생하게 되고 살아남아 발생 과정을 마친 경우를 지칭하는 것이다.

이렇듯 환경적인 요소, 유전적인 요소, 우연적인 요소 등의 여러 가지 요소들이 복합적으로 선천성 질환을 야기한다. 주로 장애를 가진 경우에 해당하지만, 우리 사회에 항상 존재하고 있는 사람들이기 때문에 인간의 다양성을 구성하는 한 몫을 담당한다고 말해야 할 것이다.

다형성과 단일염기 다형성

앞서 살펴본 바에 따르면 DNA 복제 오류는 10억 개 당 하나 꼴로 나타난다. 세포 하나 당 약 60억 개의 뉴클레오타이드가 존재하므로 세포 분열 전 DNA가 복제될 때마다 평균 여섯 개 정도의 뉴클레오타이드가 정확히 복제되지 않는다는 의미다. 우리 몸의 세포 수가 약 37조 개 정도 되고, 200여 가지 종류를 가지며, 세포 종류에 따라 많게는 약 50번 정도 분열을 거듭하기 때문에, 살아가면서 우리 몸이 겪는 복제 오류는 가히 천문학적인 수가 될 것이다. 그럼에도 불구하고 우리 중 약 삼 분의 이 정도는 평생 암에 걸리지 않는데, 그 이유 중 하나는 앞서 살펴본 것처럼 가장 중요한 DNA 조각이라고 할 수 있는 유전자, 즉 단백질을 코딩하거나 마이크로 RNA와 같은 비단백질을 생성하는 데에 기여를 하는 부분이 전체 DNA의 약 1% 정도밖에 되지 않기 때문이다. 다시 말해, 대부분의 복제 오류는 99%의 DNA에서 일어나며, 이는 질병이나 암을 일으키지 않고 무해하다고 알려져 있다.

DNA 복제 오류의 존재는 100% 똑같은 DNA 염기서열을 가진 세포가 한 사람 안에서조차 찾기 힘들다는 사실을 말해준다. 같은 세포라도 분열 전과 후에 DNA 염기서열이 달라지기 때문이다. 그렇다면 사람과 사람 사이에 존재하는 DNA 염기서열 차이는 얼마나 될까. 알려진 바에 따르면, 전 세계에서 무작위로 선택한 두 사람 사이에 DNA 염기서열이 다를 확률은 천 분의 일, 즉 천 개의 뉴클레오타이드 당 하나 정도가 다르다고 한다. 물론 이러한 차이의 대부분은 유전자가 아닌 DNA의 99%를 차지하는 부분에서 일어나는 현상이기 때문에 대부분 사람과 사람 사이에는 정상, 비정상이라고 구분할 수 있을 만한 특징을 나타내지 않는다. DNA 복제 오류가 십 억개 당하나이고, 사람과 사람 사이의 DNA 염기서열 차이가 천 개당 하나이므로, 뉴클레오타이드 차이로 두 확률을 비교하면, 약 백만 배 정도로 계산이 가능할 것이다. 다시 말해, 한 사람을 구성하는 세포끼리의 차이보다 다른 사람의 세포와의 차이가 백만 배 정도 더 많이 다른 것이다.

이렇게 사람 사이에 서로 다른 뉴클레오타이드가 같은 대립유전자에서 나타나고, 각각이 인간이라는 종 안에서 어떤 군집을 이루게 될 때(즉 각각의 다른 대립유전자를 가진 사람들이 무시할 수 없을 정도로 존재할 때), 이를 지칭하여 다형성Polymorphism이라고 한다. 앞에서 설명한 ABO식 혈액형의 예를 떠올리면 쉽게 이해할 수 있을 것이다. 다형성 가운데 가장 흔한 경우는 단 하나의 뉴클레오타이드가 차이가 나는 경우인데 이를 따로 이름하여 단일염기 다형성SNP, Single

Nucleotide Polymorphism라고 한다. 단일염기 다형성은 단 하나의 뉴클레오타이드가 다른 경우를 일컫는 용어이기 때문에, 그 뉴클레오타이드가 다른 뉴클레오타이드로 치환Substitution되어 있을 수도 있고, 삭제Deletion되어 있을 수도 있으며, 삽입Insertion되어 있을 수도 있다. 이 세 가지 중 가장 흔한 경우는 치환이다. 다시 한 번 강조하지만, 이러한 다형성 역시 99%는 유전자가 아닌 DNA에서 일어나는 현상이므로 대부분은 돌연변이 단백질이나 마이크로 RNA 같은 분자들이 사람마다 크게 다르지 않다.

대부분의 다형성은 개체의 다양성에 기여하며 무해하지만, 질병이나 암으로 이어지는 경우도 있다. 단 하나의 뉴클레오타이드의 차이 때문에 생기는 겸형 적혈구 빈혈증이 대표적인 예가 되겠다. 넓은 의미에서 보면, 질환 혹은 장애를 가진 사람도 다양성에 기여를 한다고 해석할 수 있을 것이다.

'카라마조프적'인 그 무엇의 정체

지금까지 우리는 우리가 어떻게 닮았는지를 넘어 어떻게 다른지를 살펴보았다. 남자와 여자, 아이와 어른, 혈액형, 혈통을 살펴보면서 우성의 의미와 다양성의 의미도 고찰해보았다. 그러면서 지속적으로 '카라마조프적'인 그 무엇의 정체를 밝히기 위해 노력해왔다. 이제 결론을 내야 할 때가 되었다. 네 아들에 대해 요약 정리하면서 이에 대한 답을 찾아가 보려 한다.

첫째 아들 드미트리는 둘째 아들 이반과 셋째 아들 알료샤와는 또 다른 존재였다. 드미트리는 표도르와 그의 첫 번째 아내 아젤라이다 사이에서 태어난 아들인데 반하여, 이반과 알료샤는 표도르와 그의 두 번째 아내 소피아 사이에서 태어난 아들이다. 도스토예프스키가 굳이 드미트리를 이반과 알료샤와 다른 어머니의 배에서 태어나도록 설정한 이유를 알 수는 없다. 하지만 셋 중에서 드미트리가 표도르를 가장 많이 닮은 아들이라는 점과 너무 많이 닮아 아버지와 아들이 동일하게 여자와 돈 문제로 서로 대립한다는 점을 생각하면 조금은 이해할 수 있을 것만 같다. 어쩌면 도스토예프스키는 표도르의 돈과 여자에 대한 탐욕 DNA가 첫째 아들에게까지만 전달되고 그 이후론 중단되길 원했는지도 모른다. 말하자면, 점진적인 진화라고 할 수도 있겠다. 생물학적으로는 설명하기 힘들지만 첫째, 둘째, 셋째 아들로 갈수록 왠지 모르게 인간다운 인간이 점점 회복된다는 느낌을 부인하기 힘들기 때문이다. 첫째의 탐욕도 둘째의 지성도 아닌 셋째의 아름다움. '아름다움이 세상을 구원할 것이다'라고 그의 소설 『백치』의 주인공 미쉬낀 공작의 입을 빌려 말했던 도스토예프스키는 혹시 이 소설 『카라마조프가의 형제들』에서도 비슷한 메시지를 던지고 싶었던 것은 아니었을지 곰곰이 생각해볼 일이다. 이는 생물학적인 용어를 사용해서 바라볼 때 '진화'라는 의미도 부여할 수 있지만,

'회복'이나 '치유'의 의미도 부여할 수 있을 것 같다. 만약 단순히 '카라마조프적'인 그 무엇의 정체가 탐욕이었다면, 시간이 흐를수록, 세대가 거듭될수록, 그 부정적인 습성이 점차 사라진다는 점이 혹시 도스토예프스키가 보여주고자 했던 메시지였을지도 모르겠다.

이에 덧붙여 한 가지 추가적으로 재미난 사실은, 마치 선과 악을 대변하듯 설정된 알료샤와 이반이 같은 어머니의 배에서 태어났다는 점이었다. 세 형제 모두 표도르의 씨에서 비롯되었다는 점까지, 아니 표도르의 사생아이자 결국 그를 살해한 인물이며 악의 화신 스메르쟈코프 역시 그의 씨에서 나온 열매라는 점까지 감안한다면, 네 아들들은 한 아버지 표도르의 분열된 자아 내지는 파생되고 분화된 열매 정도로 해석할 수도 있을 것이다. 그리고 네 형제를 모두 합치면 우리네 인간 군상을 대변한다고 볼 수도 있는데, 이때 카라마조프 가에 흐르는 피는 곧 우리 인간 모두 안에 흐르는 피라고 해석할 수도 있을 것이다. 곧 인간을 넘어서는 무언가(신의 존재일 것이다)로부터 지속해서 등지고 벗어나려고 몸부림치는 반역과 죄를 의미하는 게 바로 '카라마조프적'인 그 무엇의 정체일지도 모르는 것이다. 만약 이렇게 된다면, '카라마조프적'인 그 무엇은 회복이나 치유와는 상관없이 인간 안에 영원히 각인되어 있는 본능적인 그 무엇, 잠재의식 속에 새겨진 그 무엇일 것이다. 지금 이렇게 이 글을 쓰고 있는 나, 그리고 이 글을 읽고 있는 독자를 포함한 모든 인간 안에 새겨진 그 무엇. 어쩌면 이것은 기독교에서 말하는 '죄'라는 의미로도 해석할 수 있을 것이다. 러시아 정교 신자였던 도스토예프스키의 집필 의도를 생각해볼 때 '카라마조프적'인 그 무엇의 정체에 종교적인 색채를 가미하는 건 그리 이상한 접근은 아닐 것이다.

그리고 앞서 언급했듯이 나에게 만약 도스토예프스키의 소설 중에서 드미트리와 가장 비슷한 인물을 고르라고 한다면,『죄와 벌』의 라스꼴리니꼬프라고 대답할 것이다. 물론 확연한 차이점도 있다. 이를테면, 라스꼴리니꼬프는 단절된 세상에서 엉뚱하고도 위험한 사상에 도취되어 살인을 저지른 반면, 드미트리는 비록 타인의 눈에는 충분히 살인을 저지르고도 남을 정도로 과격한 호색한으로 비춰진다는 점이다. 그러나 그는 아버지를 죽인 살인자가 아니었다. 오히려 드미트리는 겉은 단순무식하게 보일 정도로 폭력적으로 보이지만, 속은 누구보다도 여린 인물이라고 해석하는 게 바람직할지도 모른다. 소설 속에서 그는 돈과 여자 문제로 분노하며 아버지와 심한 갈등을 일으켰던 인물로 그려지지만, 그 누구의 부탁이나 바람과는 별개로 명예심을 중요하게 생각했으며, 한 사람으로부터 입은 은혜, 즉 타자의 작은 실천적 사랑을 기억하고 보답할 줄 아는 사람이었고, 사람을 죽일 정도로 폭력적인 분노의 벼랑 끝에 서 있다가도 누군가의 한 마디에 마음이 눈 녹듯이 녹아 속에 숨어 있던 어린아이가 겉으로 드러나는 인물이기 때문이다. 어찌 보면, 이런 면에서 드미트리는 세 형제 중에서 가장 인간적인, 그래서 가장 우리의 모습과 닮은 인물일지도 모르겠다. 그렇다면, 드미트리는 가장 카라마조프적인 인물이자 가장 인간다운 인물인 것이고, '카라마조프적'인 그 무엇의 정체는 다름아닌 '인간적'이라는 의미를 가지게 된다. 이 또한 충분히 가능한 해석이고 충분히 의미심장하다.

표도르의 죽음은 각 등장인물 속에 숨겨졌던 사상들을 마침내 붉은 피처럼 선명하게 드러나게 만들어 저자의 메시지를 효과적이고 적나라하게 전달하는 통로가 되어 주었던 게 아닌가 한다. 또 한편으론, 결코 하나의 밀알이라고 할 수도 없는 표도르라는 인간의 죽음은 조시마 장로의 죽음 및 소년 일류샤의 죽음과 극적으로 대비됨으로써, 하나의 밀알이 맺게 되는 열매가 무엇인지 보여주는 통로 역할도 담당했다고 해석 가능할 것이다. 표도르의 죽음은 이반으로 의인화된 무신론과 차가운 이성 및 논리를 그의 몸에서 분리시키는 동력이 되어줌으로써, 하나의 밀알과 대척점에 있는 인간의 사상은 죽어서도 오로지 파멸만을 낳을 뿐, 그 어느 생명의 열매도 부재하다는 사실을 보여주고 싶었던 게 아닐까 싶다. 대신 조시마 장로와 일류샤의 죽음은 각각 이반과 대척점에 놓인 알료샤와 열두 명의 소년 친구들을 세상에 남김으로써 더 크고 풍성한 열매를 맺게 된다는 사실을 보여주려 했던 게 아니었을까. 만약 도스토예프스키가 조금 더 살아 2부가 그의 초기 계획대로 만들어졌다면, 알료샤와 일류샤가 맺게 될 많은 열매에 대해 초점이 맞춰지지 않았을까. 써지지 않은 도스토예프스키의 2부기 못내 아쉽다.

1장에서 '닮음'을 살펴볼 때 우리가 세웠던 가설은 카라마조프 유전자의 위치가 Y 염색체일 가능성이 높다는 것이었다. 그리고 Y 염색체상에 있는 유전자 중 어떤 유전자에 돌연변이가 생겨 표도르의 자녀들, 즉 아들에게만 '카라마조프적'인 그 무엇이 전달될 수 있다는 것이었다. 그러나 2장 '다름'에서 대립 유전자에 대한 개념을 살펴보면서 우리의 가설을 조금 유연하게 할 수 있다는 것을 알 수 있었다. (이는 '다름'에 대한 지식을 통해 '닮음'에 대한 문제를 해결하게 된 예라고 할 수도 있겠다.) 우성 형질을 가진 대립 유전자 중 하나가 '카라마조프 유전자'라면 굳이 이 유전자는 Y 염색체 상에 존재할 필요가 없기 때문이었다. 이 말은 22개의 서로 다른 상염색체 위에 존재해도 아무런 걸림돌이 없다는 것이었다. 즉 상염색체든 Y 염색체든 상관없이 '카라마조프적'인 그 무엇을 후대에 전달시키기 위한 '카라마조프 유전자'의 조건은 우성 형질을 가진 대립 유전자이기만 하면 된다는 것이었다. 물론 그 유전자는 누구나 가지고 있는 유전자라는 조건이 붙는다. 아직 정체가 밝혀지지 않은 유전자도 존재하기 때문에 아쉽게도 '카라마조프 유전자'가 어떤 유전자의 대립 유전자인지는 여전히 모르고 앞으로도 영원히 모르겠지만 말이다.

우리는 생물학적으로 '카라마조프적'이라는 표현의 의미를 밝히기 위해 여기까지 왔다. 엉뚱하다고 느껴질지도 모르지만 우린 이에 대한 답을 찾기 위해 유전이라는 현상을 떠올렸고, DNA를 고려했으며, 유전자라는 개념을 숙지한 이후에는 '카라마조프 유전자'라는 가상의 유전자를 설정하고 그것의 위치를 나름대로 합리적으로 가설을 세우며 풀어왔다. 그러나 처음부터 모두 알고 있었겠지만, 이런 유전자는 존재하지도 않을 것이다. 생물학적인 접근은 처음부터 가당치도 않은 시도였다고 말할 수도 있겠다. 그러므로 '카라마조프적'인 그 무엇은 생물학적인 접근이 아닌 문학적이고 철학적인 접근으로 정해지지 않은 답을 하는 열린 질문으로 대해야 옳을 것이다. 위에 언급한대로 어쩌면 '카라마조프적'이라는 의미는 모든 인간에게 해당되는 그 무엇일지도 모른다. 조금은 엉뚱한 시도였지만 덕분에 이 여행을 함께 하면서 중요한 기초생물학 지식을 재미있게 익혔다고 생각한다. 이 긴 여정을 함께 한 모두에게 유익하고 재미있는 시간이 되었길 진심으로 바란다.

표도르의 살인사건 덕분에 이 소설은 범죄소설, 혹은 추리소설의 플롯까지 취하게 되었고, 스릴과 긴장이 주는 흡입력은 이 방대한 소설 안에서 자칫 길을 잃은 채 중도포기의 기로로 접어든 돛단배와 같은 독자들에게 마침내 불어온 순풍과도 같은 역할을 톡톡히 해낸다. 나 같은 경우만 해도, 이 소설이 다른 장편에 비해 거의 두 배에 가까운 두께를 자랑함에도 불구하고 더 빠른 속도로 읽어낼 수 있었다. 몰입도에 있어선 다섯 장편 중 가장 압권이라 할 수 있을 것이다. 그래서 중도 포기했던, 구름처럼 허다하게 많을 이들과 함께 인간인 우리는 과연 어떤 존재인지 생물학에 문학을 더해, 문학에 생물학을 더해 살펴보려 했다. 이 글을 쓰는 내가 그랬듯이 이 글을 읽는 분들에게도 이런 시도가 조금은 도움이 되지 않았을까?

이제 우리는 앞서 훑어본 세포생물학, 분자생물학, 유전학의 기본 개념을 토대로 생물학의 관점으로 '인간의 특별함'과 '인간다움'에 대해 살펴볼 것이다. 이는 인간을 객관적으로 바라볼 수 있는 색다른 경험이 되지 않을까 싶다. 생물학이 우리에게 줄 수 있는 또 다른 유익이 될 것이라고 기대해 본다.

인간은 왜 특별할까?

XY

가장 완전한 동물이라서?

    나에게 생명의 가장 놀랍고도 신비한 특징을 하나 꼽으라고 한다면 '다양성'이라고 대답할 것이다. 1부에서 살펴본 것처럼 우리 인간은 닮은 면도 많지만, 그럼에도 불구하고 2부에서 살펴본 것처럼 우리 모두는 다르다. 이 세상에 나와 똑같은 사람은 아무도 없다. 부모와 자식도 다른데, 가족이 아닌 다른 사람과는 얼마나 많이 다르겠는가. 그리고 이러한 다름은 사람과 사람 사이에서만 해당되는 게 아니었다. 한 사람을 구성하고 있는 모든 세포에서도 마찬가지였다. 세포분열 전 DNA 복제 시 필연적으로 일어나는 복제 오류로 인해 100% 똑같은 세포는 존재할 수 없기 때문이다. 이는 암세포의 경우 클론 증식에서도 마찬가지다. 클론이라는 단어는 복제품이라는 의미를 가지지만, 엄밀히 말해서 100% 똑같지는 않다. 적어도 몇 개의 뉴클레오타이드는 다르기 때문이다. 비록 그것이 어떤 눈에 띄는 표현형을 나타내지 못하더라도 말이다.

1부와 2부를 통해 우리는 인간의 닮음과 다름에 대해서 훑어봤다. 우리는 도스토예프스키의 『카라마조프가의 형제들』이라는 고전 소설을 통해 '카라마조프적'인 그 무엇의 정체를 밝힌다는, '조금은 엉뚱하지만 의미 있는' 목적으로 세포생물학, 분자생물학, 유전학의 기본 개념들을 두루 살펴왔다. 그리고 3부에서는 인간의 특별함을 생물학적으로 살펴보는 것으로 범위를 조금 더 확장시켜볼까 한다. 그 의미를 배가시켜줄 파트너로 현대 문학 소설 한 권과 인문학 서적 한 권을 선택했다. 가즈오 이시구로의 『클라라와 태양』과 김현경의 『사람, 장소, 환대』이다. 『카라마조프가의 형제들』은 모르는 분은 없어도 완독한 분들은 적은 책이라면 『클라라와 태양』과 『사람, 장소, 환대』는 모르는 분은 있어도 아는 분들은 대부분 완독했을 법한 책이다. 여러 이유가 있겠지만 지금 '우리'의 이야기를 하고 있어 공감되는 부분이 많기 때문일 것이다. 3부 '인간의 특별함'에 대한 주제는 '공감'이 필요한 주제라고 생각된다. 그래서 이 두 권의 책을 우리의 마지막 여행을 위한 도우미로 삼게 되었다.

인간도 모든 생명체의 관점에서 본다면 하나의 종에 불과하다. 인간이라는 종 안에서도 천문학적인 수의 다양성이 존재한다면, 전체 생명체, 즉 모든 종에서 본다면 얼마나 많은 다양성이 존재할까? 그 수는 아마도 우리 상상의 영역을 가뿐히 뛰어넘을 것이다. 나아가, 아직 바다 심연에 사는 생명체들과 인간이 탐험하고 연구하기 힘든

극한 지역에 사는 생명체들의 존재는 여전히 밝혀지지 않았다는 사실 역시 감안한다면, 생명의 다양성은 실로 어마어마하다고 말할 수밖에 없을 것이다.

여기서 질문을 하나 해보자. 이렇게 다양한 생명체 가운데 우리 모두가 속한 '사람'이라는 종은 과연 특별할까? 특별하다면 왜 특별한 걸까? 이에 답하기 위한 한 가지 방법으로서 〈생물 분류도〉를 간단하게 설명하면서 전체 생명체와의 비교를 통해 사람이 왜 특별한지 살펴보고자 한다. 그리고 진화라는 관점에서도 인간의 특별함을 조명해보고자 한다. 이렇게 생물학적인 의미를 살펴 본 뒤 지금 우리에게 이러한 생물학적 사실이 어떤 의미인지 살펴보기 위해 앞서 소개한 두 권의 책을 여행의 마지막 파트너로 삼아 '인간의 특별함'에 대해 조금 더 진지하게 살펴보려고 한다. 과연 인간이 특별하다는 사실이 생물학적으로 어떻게 해석될 수 있는지, 그리고 그 믿음이 자칫 독단적이진 않은지 생각해보는 시간이 되면 좋겠다.

생물 분류도

현대 생물학에서는 생물을 기본적으로 종Species, 속Genus, 과Family, 목Order, 강Class, 문Phylum, 계Kingdom, 역Domain이라는 명칭으로, 하위 집단부터 상위 집단 순으로 총 8가지로 분류한다. 이에 따라 우리 모두가 속한 사람은 사람Homo Sapiens종, 사람Homo속, 사람

Hominidae과, 영장Primates목, 포유Mammalia강, 척삭동물Chordata문, 동물 Animalia계, 진핵생물Eukarya역으로 분류할 수 있다. 이렇게 계통 분류 도에 따르면, 사람은 지극히 작은 집단을 이루고 있을 뿐인데, 왜 우 리는 사람이 다른 모든 종보다 더 특별하다거나 우월하다고 여기는 걸까? 그렇게 여기는 생물학적인 근거는 있을까? 있다면 과연 무엇 일까? 위에서 언급한 8가지 집단이 가진 주목할 만한 특징을 위주로 하나씩 점검해보도록 하자.

진핵생물역域

〈생물 분류도〉에서 가장 상위 집단을 차지하는 '역'은 과거에는 세포 안에 핵이 존재하는 진핵생물과 핵이 따로 존재하지 않는 원핵 생물Prokaryota, 이렇게 두 가지로 나뉘었으나, 현대 생물학에서는 원핵 생물을 고균Archaea과 세균Bacteria으로 세분화하여, 현재 역은 총 세 가지로 구성된다. 고균과 세균을 하나의 원핵생물로 규정하기에는 둘 사이의 생물학적 차이가 컸기 때문이다. 사람은 진핵생물역에 속 한다. 원핵생물과는 달리 진핵생물은 세포 안에 핵이 구분되어 존재 하기 때문에 유전물질인 DNA가 안전하게 보호될 수 있다는 장점을 가진다. 난자와 정자가 결합하는 핵 융합과정도 모두 진핵세포이기 때문에 가능한 것이다.

동물계界

사람은 세포 안에 따로 핵이라는 소기관을 가지고 있는 진핵생물역에 속하면서 동물계에 속한다. 최초로 생물 분류를 시도했다고 알려져 있는 린네Carl von Linne는 계를 식물계와 동물계, 이렇게 두 계로 나누었지만, 현대 생물학에서는 진핵생물역 안에서 다섯 개의 계(원생동물계Protozoa, 유색생물계Chromista, 식물계Plantae, 균계Fungi, 동물계Animalia)로 다시 나눈다. 이 중 사람은 동물계에 속한다. 원시적인 생명체인 앞의 세 가지 계를 제외하고 식물과 동물 중 어느 계가 더 월등할까? 정답은 없다. 다만, 근시안적인 시각으로 보면 거의 대부분 식물이 동물의 먹잇감이 되기도 하고 식물에 비해 동물은 자유로이 움직일 수도 있으며 식물로부터 영향을 받기는 하지만 적극적으로 통제할 수 있는 힘을 가진다는 점에서 아무래도 동물이 식물보다는 생존과 생태계 장악에 유리해 보인다.

척삭동물문門

식물계의 경우 그 하위 집단인 문은 영어로 Division이라고 하지만 동물계의 경우엔 Phylum이라고 한다. 사람이 속한 동물계는 현재 총 31~36개의 문이 존재한다고 보고되어 있다. 문을 분류하는 기준은 신체 구조와 발생 과정의 차이라고 할 수 있는데, 사람은 척삭동물문에 속한다. 척삭동물이란 발생 과정에서 척삭이 만들어지는 동물을 일컫는데, 척삭은 대부분 연골과 경골로 이뤄진 척추 형태로 바뀌게 된다. 우리가 알고 있는 척추동물Vertebrate은 모두 이 척삭동물문에 속한다고 보면 된다. 환형동물, 해면동물, 편형동물, 선형동물, 극피동물, 절지동물, 연체동물 등이 척삭동물과는 다른 문을 구성한다.

포유강綱

사람은 동물계에 속하면서 척삭동물문에 속하며 척삭동물문 중에서도 그 하위 집단인 척추동물아문Vertabrata에 속한다. 척추동물아문은 다시 7개의 강(무악강Agnatha, 연골어강Chondrichthyes, 경골어상강 Osteichthyes, 양서강Amphibia, 파충강Reptilia, 조강Aves, 포유강Mammalia)으로 세분화된다. 분류 기준은 해부학적, 생리학적 특징은 물론 호흡 방법, 번식 방법, 거주 장소 등이다. 이 중 사람은 포유강에 속한다. 현재 인간을 제외한 동물 세계에서만 봐도 생태계의 가장 꼭대기를 차지하고 있는 동물이 포유동물이라는 사실을 알 수 있다. 이는 포유강이 양서강, 파충강, 조강 보다는 크고 강하여 생존에 유리하다는 점을 시사한다.

영장목目

사람은 포유강에 속하면서 영장목에 속한다. 포유강 안에서 영장목에 속하는 동물은 영장목에 속하지 않은 동물에 비해 쇄골과 5개의 손가락, 발가락을 가지며, 뇌가 상대적으로 크고, 시각이 후각보다 발달되어 있다. 상대적으로 적은 수의 새끼를 낳으며 지능이 뛰어나다. 도구를 사용할 줄 알며 사회생활을 할 줄 알므로 의사소통이 발달되어 있다. 그리고 수명이 상대적으로 긴 편이다. 우리가 흔히 아는 원숭이와 유인원 그리고 사람을 포함한다.

사람과科

사람은 영장목에 속하면서 사람과에 속한다. 비로소 원숭이가 유인원(우랑우탄, 고릴라, 침팬지)과 갈라지는 분류 단계가 바로 '과'이다. 가장 특징적인 차이는, 원숭이는 꼬리가 있고 상대적으로 크기가 작은 반면, 유인원은 꼬리가 없고 크기가 크다는 점이다. 사람과에는 우랑우탄속, 고릴라속, 침팬지속과 같은 대형 유인원 그리고 사람이 속한 사람속이 있다.

사람속屬

비로소 현생 인류와 가장 가까운 분류에 이르렀다. 사람은 사람과에 속하면서 사람속에 속한다. 사람과에는 우랑우탄과 고릴라 그리고 침팬지도 포함되지만, 사람속에는 사람만 포함된다. 우리가 역사시간에 배웠던 호모 에렉투스나 호모 네안데르탈렌시스 그리고 현재 우리가 소속된 호모 사피엔스 등이 사람과에 속한다. 직립보행을 하며 도구와 불을 사용할 줄 알고 지능이 가장 높다.

사람종種

종의 구분은 짝짓기 가능성과 염색체 갯수 등이 중요한 기준으로 작용한다. 사람은 사람끼리만 사람을 낳을 수 있으므로 사람종에는 사람만 포함된다. 참고로, 사람과에 속한 우랑우탄, 고릴라, 침팬지의 염색체 수는 모두 48개이다. 사람이 46개인 것과 다르다. 사람속에 속하는 여러 종 중에 우리가 속한 호모 사피엔스만이 현생한다. 그러므로 사람속에는 사람종만 있다고 해석해도 무방하다.

우리는 지금까지 현대 생물학에서 말하고 있는 〈생물 분류도〉에 따라 사람의 분류 기준을 각 분류 단계마다 간략히 살펴봤다. 정리하자면, 사람은 진핵생물에 속하면서 동물이고, 그 중에서도 척추동물이고 포유동물이며, 그 중에서도 영장류, 대형 유인원, 그리고 마침내 사람종에 속한다.

이렇게 살펴보면 사람이 다른 모든 종과 비교해서 특별하다는 것에 동의하지 않을 이유가 없을 것이다. 사람만이 할 수 있는 일을 언급하라고 하면 셀 수 없이 많이 언급할 수 있기 때문이다. 그러므로 사람만이 할 수 있는 고유성을 특별함이라고 표현하는 것에는 큰 무리는 없다. 그러나 위에서 살펴본 분류 기준에 따른 생물학적 특징 중에서 사람을 특별하게 만드는 가장 중요한 이유는 무엇일까? 아마도 역이나 계처럼 큰 범주보다는 종이나 속처럼 작은 범주에서 찾아야 할 것이다. 즉 사람속과 사람종을 구분하는 구체적인 기준이 이에 대한 답변으로 가장 적절할 것이다. 이는 도구와 불을 사용할 수 있는 능력, 상대적으로 크고 발달한 뇌, 그에 따른 높은 지능을 말한다. 신체적으로 훨씬 월등한 다른 포유동물(곰, 사자, 호랑이 등)에게 먹잇감이 되지 않고 오히려 그들을 산채로 잡아서 동물원에 가두고 관리할 줄 아는 능력의 소유자가 바로 사람이다. 그러므로 인간의 특별함에 대한 생물학적인 근거는 아무래도 지능에서 찾는 게 무난할 것 같다.

우리가 흔히 사용하곤 하는 '고등동물'이라는 단어가 뇌의 발달, 즉 지능의 발달 정도를 기준으로 사용하는 것이라면 인간은 고등동물이라고 표현해도 무방하다. 그러나 고등동물에 대비하여 사용하는 하등동물을 지칭할 때 마치 그들이 진화가 덜 되었다거나 열등하거나 무언가 결핍된 개체로 바라보는 관점은 바람직하지 않다. 완전성이라는 관점에서 볼 때 모든 개체는 완전하다고 봐야 하기 때문이다. 이를테면, 인간과 가장 가까운 침팬지가 사람에 비해 무언가 결핍되어 불완전하기 때문에 침팬지인 게 아니라는 말이다. 침팬지도 사람도 하물며 박테리아도 완전한 개체다. 그러므로 인간이 고등동물이라는 표현은 지능이 가장 발달된 동물이라고 이해해야 한다. 가장 완전한 종이라고 해석하면 곤란하다. '고등동물'은 완전성의 개념과는 전혀 다른 의미라는 말이다.

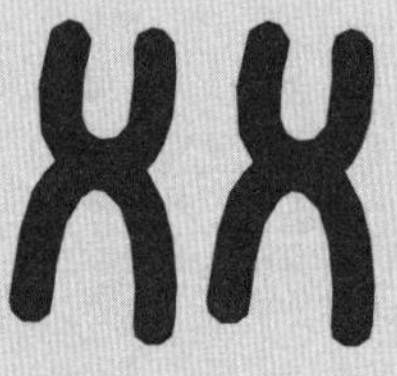

가장 진화한 동물이라서?

진화

지능이 가잘 발달한 생명체, 즉 고등동물로서 사람은 현재 생태계 피라미드의 가장 꼭대기에 위치해있다. 앞에서 지능이 발달한 생명체일수록 더 완전한 생명체가 아니라는 점은 이미 언급한 바 있다. 그렇다면 진화의 관점에서 사람은 어떤 자리에 위치할까? 완전성이라는 개념이 진화라는 개념과는 어떤 관계에 있을까? 모든 생명체 중에 가장 진화한 생명체가 사람일까? 사람의 특별함은 가장 진화된 존재이기 때문일까? 혹시 가장 진보한 존재가 인간이 아니진 않을까? 진화와 진보는 같은 의미일까? 그러기 위해서 우리는 전체 생명체 중에서 사람의 위치를 진화적인 관점에서 살펴보며 진화에 대한 오해를 바로 잡아 보다 정확하게 이해해 보려고 한다.

진화Evolution는 현상이다. 상상이 아니다. 자연에서, 모든 생명체에서 지금도 일어나고 있으며 관찰 가능한 현상이다. 중력과도 같이 그 존재 자체가 눈에 보이지는 않지만, 물체가 떨어지는 현상을 보고 중력의 존재를 인지하듯 우리는 생명의 다양성과 차이, 변화를 보면서 진화의 존재를 알 수 있다. 이런 의미에서 진화는 변화이다. 변화는 차이를 만들어내고, 차이는 다양성을 만들어낸다. 앞서서 우리는 생명의 가장 놀랍고도 신비한 현상이 다양성이라는 것을 살펴봤다. 이러한 다양성의 생물학적인 근거가 바로 진화라고 말할 수 있다. 당연한 이야기지만 여기에서는 생물학적인 관점으로만, 과학적으로 검증된 사실에 기반을 두어 진화를 소개하고, 진화적인 관점에서 사람이 왜 특별한지 살펴볼 것이다. 예를 들어 진화냐 창조냐와 같은 논쟁은 종교적인 관점을 제하고는 논할 수 없기 때문이다.

언급했다시피 진화는 변화이다. 변화는 '무無'에서 시작할 수 없다. 항상 '유有'에서 시작한다. 이미 존재하는 어떤 생명체로부터 시작하는 것이다. 즉 진화는 기본적으로 '무'에서 '유'가 생겨나는 생명의 기원에 대해서는 설명하지 못한다. '무'에서 '유'로의 창조는 엄밀히 말해서 과학적인 증거인 관찰, 관측, 실험 결과로 증명할 수 있는 문제가 아니다. 『구약성서』의 「창세기」를 비롯한 여러 고대 신화 가운데에 심심찮게 등장하는 이야기에 속한다. 물론 기존의 과학을 이용해 이론적으로 예측하고 설명하려고 시도할 수는 있다. 그러나 2 더하기 2는 4라는 명제적 진리처럼 종교나 믿음과 상관없이 모든 사람이 수긍할만한 근거를 제시할 수는 없다. 그러므로 여기서 다루는 진화의 개념을 설명하는데 있어서는 생명의 기원 문제는 제외한다. 원시적이라 할지라도 어쨌거나 생명체가 존재하고 있다고 가정하고, 이를 전제로 모든 설명을 하려고 한다.

1부와 2부에서 살펴봤듯이 우리는 하나의 세포가 분열하게 될 때 100% 똑같은 세포가 만들어지지 않는다는 사실을 잘 알고 있다. DNA 복제 오류 때문이다. 진화라는 개념을 접목하여 생각해볼 때 DNA 복제 오류는 진화의 한 가지 중요한 근거로 작용한다. 분자생물학적인 단위에서 변화의 시작은 DNA의 변이이기 때문이다. 넓은 의미에서 보면, 모든 변이는 진화라는 거대한 운동의 한 단면을 보여준다고 표현할 수도 있다. 물론 엄밀히 '진화'라고 정의하기 위해선 개체 단위가 아닌 집단 규모의 변화, 그리고 한 세대가 아닌 여러 세대를 거치면서 축적된 변화가 그 집단의 특징으로 나타나서 생존해야 한다는 전제가 필요하다. 이렇게 생겨난 새로운 집단은 변화가 일어나기 전의 집단과 더불어 존재하거나 독립적으로 살아남아 존재할 수 있으며, 이러는 과정 중에 새로운 종이 탄생되기도 한다. '진화'란 실로 거대한 움직임이며 평균 80세의 수명을 가진 인간이 직접 관찰할 수 있는 것이라고는 그 움직임의 아주 작은 단면에 불과하다.

DNA 변이는 모든 진화의 시작점이다. 그러나 모든 DNA 변이가 진화로 이어지진 않는다. DNA 변이는 복제 오류를 포함하여 여러 가지 다양한 원인으로 일어난다. 환경적인 이유만 생각해도, 자외선 노출, 방사선 노출 등을 예로 들 수 있다. 진화의 시작점인 DNA 변이는 개체 내부의 숙명적인 한계와 개체 외부의 환경적인 자극에 의해서 지금도 끊임없이 일어나고 있는 것이다. 여기서 중요한 사실 한 가지는 DNA 변이는 방향성을 가지지 않는다는 점이다. 한 마디로 DNA 변이는 무작위적이다. 이는 예측 불가능하다는 말로도 표현할 수 있다. 개체 내부에서 일어나는 DNA 변이, 즉 DNA 복제 오류만 예를 들어봐도 전체 게놈 혹은 전체 염색체 중 어느 뉴클레오타이드가 틀리게 복제될지는 아무도 모른다. 전적인 우연으로 일어나는 현상인 것이다. 개체 외부의 환경적인 자극도 마찬가지다. 자외선이나 기타 방사선 등에 노출되었을 때 어느 부분의 DNA가 영향을 받게 될 것인지는 아무도 모른다. 전적인 우연의 산물이다. 이렇게 DNA 변이의 무작위성, 무방향성이 중요하다고 강조하는 이유는 많은 사람들의 오해 때문이다. 사람들은 진화의 방향이 진보를 향한다고 생각하는 오류를 쉽게 범한다. 생존이나 번식에 불리한 조건을 새로운 유전적인 형질을 획득함으로써 극복한다는 논리이다. 19세기 초, 다윈Charles Robert Darwin의 『종의 기원』이 출판되기 전, 라마르크Lamarck, Jean Baptiste가 주장한 '용불용설Theory of Use and Disuse'이 그 대표적인 예가 되겠다. 이 가설은 훗날 다윈의 '자연선택설Natural Selection'에 의해 철저하게 반박된다.

라마르크가 주장한 용불용설의 요지는 어떤 개체가 불리한 조건을 극복하기 위해 노력하고 애를 써서 획득한 어떤 새로운 형질이 다음 세대로 전달되어 진화가 일어난다는 것이다. 이에 반하여 다윈의 자연선택설은 부모 세대가 아무리 노력해서 얻은 형질이라도 자손에게 전달되지 않는다고 주장한다. 라마르크와 다윈은 생물이 일생 동안 외부의 영향에 의하여 받은 변화인 획득 형질 유전성에 대한 입장이 정반대인 셈이다. 저 유명한 기린의 목 길이에 대한 예를 잠깐 살펴보자. 용불용설은 기린의 목이 길어진 이유에 대해서 다음과 같이 설명한다. 원래는 목이 짧았던 기린들이 높은 곳에 위치한 먹이를 먹기 위해 자신의 목을 길게 위로 뻗으려고 애썼고, 그렇게 해서 길어진 부모 세대 기린의 목이 자손 세대까지 그대로 전달되어 세대가 거듭될수록 목이 점점 길어졌다는 것이다. 반면, 자연선택설은 전제부터가 다르다. 용불용설의 경우는 모든 기린의 목이 처음엔 다 짧았다가 자손에게 유전되어 모든 기린의 목이 다 길어졌다는 논리이다. 반면에 자연선택설의 경우는 애초에 모든 기린의 목이 짧았던 게 아니라, 목이 짧은 기린도 있었고 긴 기린도 있었다고 주장한다. 목이 짧은 기린은 높은 곳에 위치한 먹이를 먹을 수 없기 때문에 도태되어 죽고 자손을 남기지 못했으며, 목이 긴 기린만이 살아남아 자손을 남기며 번성했다는 논리이다. 즉 자연적으로 목이 긴 기린만이 선택되었다는 논리이다.

우리가 잘 알고 있는 것처럼 진화에 대한 가설은 합리적이고 과학적인 추론으로 이루어진다. 진화라는 현상 자체가 장구한 시간에 걸쳐 진행되기 때문에 직접적인 관찰이 불가능하다. 타임머신만 있다면, 저 머나먼 과거로 돌아가 실제로 목이 긴 기린과 짧은 기린이 다양하게 존재했는지 살펴보고, 주기적으로 현재로 거슬러오면서 계속 관찰하여 기록으로 남긴 후 보고서를 작성하면 쉽게 해결될 문제이지만, 그건 소설 속의 일이라 과학자들은 제한된 증거와 합리적인 추론으로 가설을 세우는 수밖에 없다. 이미 용불용설은 자연선택설에 의해 크게 반박되었고 현대 생물학에서는 도태된 이론이다. DNA를 매개하는 유전자의 개념이 19세기 말에 멘델에 의해 제시되고 확인되고 증명되었기 때문이다. 용불용설이 맞다면 우리가 전투에서 승리하거나 운동 경기에서 우승하기 위해 단련한 근육질의 몸과 획득한 기술이 자손에게 그대로 전달되어야 한다는 논리가 가능해진다. 알다시피 이건 허무맹랑한 소리일 뿐이다. 이젠 상식으로도 알 수 있지만 노력이나 의지로 DNA의 변이를 만들어낼 수 없다(물론 용불용설을 주장했던 라마르크 시대엔 DNA나 유전자의 개념이 전무했다). 우리가 앞서 살펴봤다시피 DNA 변이는 무작위로 일어난다. 그러므로 다윈이 제시한 자연선택설이 DNA의 변이와 유전자의 발견 등에 의해 더 합리적인 가설로 받아들여질 수밖에 없었던 것이다. DNA와 유전자의 개념이 전무할 때 자연선택설이라는 가설을 제안하고, 부족하지만 여러 근거들을 조합하여 증명을 시도했던 다윈은 정말 시대를 앞서간 과학자라고 말하지 않을 수 없다.

이 정도면 진화가 무엇인지 어느 정도 윤곽이 잡혔을 것이다. 다윈의 진화론이나 그것과 관련된 여러 가설들과 문제점, 논쟁거리 등은 시중에 나온 다른 참고도서를 참조하면 어렵지 않게 파악할 수 있을 것이다. 여기에서 진화를 소개한 이유는 인간의 특별함을 진화의 관점에서 조명해보기 위해서였다. 과연 인간은 진화적인 관점에서 특별할까? 이 질문에 한 문장으로 답을 할 수는 없을 것이다. 아무래도 주관적인 판단이 들어가기 때문이다. 그러나 한 가지 확실하게 말할 수 있는 것은, 앞서 언급했듯이 진화는 진보가 아니기 때문에 인간을 가장 진화된 생명체로 바라보면 곤란하다는 점이다. 다시 한 번 강조하지만, 생물학에서는 진화는 진보가 아니다. 진화는 방향성이 없지만 진보는 방향성을 가진다. 단어 자체도 이전보다 더 나은 방향을 향하여 발전된다는 의미를 내포한다. 지능이 가장 발달되어 생태계 피라미드의 가장 꼭대기를 차지하고 있다는 점을 근거로 들면서 인간을 가장 진보된 존재로 해석할 수는 있을지 모르지만(보다 정확한 표현은 가장 지능이 발달한 존재 내지는 가장 지적인 존재라고 해야 할 것이다), 생물학적으로 인간이 가장 진화한 존재라고 성급히 결론지을 수는 없다. 말했다시피 진화는 방향성이 없기 때문이다. 방향성이 진보를 향하지 않기 때문에 더 많이 진화를 거듭했다고 해서 더 많이 진보된 존재가 되는 게 아니다. 주어진 시대와 주어진 환경에 특징적으로 선택되어 살아남고 번식한 존재일 뿐이다.

진화가 더 많이 일어났다면 진화의 시작점이자 가장 큰 요인인 DNA 변이가 가장 많이 발생해야 한다. 그러나 2007년 한 연구에 따르면, 사람과 같은 공통조상을 갖는 침팬지가 공통조상과 비교해볼 때 사람보다 더 많은 유전자의 변화가 일어났다는 사실을 밝힌 바 있다 (공통조상에서 사람과 침팬지가 갈라져 나온 순간부터 사람은 154개, 침팬지는 233개의 유전자가 변이되었다는 보고). DNA 변이와 진화와의 관계를 감안하면 침팬지가 사람보다 더 진화한 개체라고 주장할 수도 있는 것이다. 그러므로 앞서 언급했듯이 사람을 가장 진화한 생명체라고 표현하는 것은 지나치게 사람 중심적인 결론에 불과할지도 모른다. 가장 진화한 존재라기보다는 가장 지능이 발달한 존재, 혹은 가장 지적인 생명체라고 표현하는 게 아무래도 더 적절해 보인다. AI의 발달로 인해 사람은 가장 지적인 존재라는 타이틀마저도 잃어버릴지 모르겠지만 말이다(물론 로봇이 생명체는 아니지만, 모든 면에서 인간이 최고라는 자만심에 흠집을 가하고자 장난삼아 비교해본 것이다).

인간의 특별함을 진화적 관점으로 보고자 했던 과정 중에서 알게 된 가장 중요한 사실은 진화의 무작위성 혹은 예측불가능성, 무방향성이었다. 이 특징은 비단 개체 내의 DNA 변이가 가진 특징만을 의미하진 않는다. 개체 외부의 환경적인 변화 역시 마찬가지 특징을 가진다. 진화란 개체 단위가 아닌 반드시 집단 단위에서 여러 세대를 거쳐 생존한 결과를 토대로 정의할 수 있는 개념이고, 그렇게 장구한 시간 동안 어떠한 환경적 변화가 동반되었는지도 전혀 예측불가능한 사항이기 때문에 개체 내부와 외부의 무방향성은 그야말로 예측불가한 열매를 맺게 되는 것이다. 이러한 예측불가능한 열매 중 인간이 현재 생태계 피라미드의 꼭대기를 차지하고 있지만, 진화는 지금도 여전히 진행 중이기 때문에 언젠가는 이러한 구도에 변화가 찾아올지는 아무도 모른다. 진화라는 현상이 맺는 열매는 실로 개체 내부의 DNA 변이, 개체 외부의 환경 변화가 갖는 무방향성의 절묘한 궁합으로 탄생하게 된 것이다.

공통조상

앞에서 잠깐 언급한 적이 있지만, 침팬지와 사람은 같은 조상을 가진다. 이를 공통조상Common Ancestor라고 한다. 다윈의 『종의 기원』이 말하고 있는 주요 사항 중 하나다. 우리가 흔히 오해하고 있는 것 중 하나도 바로 이 부분과 밀접한 관계에 있다. 바로 원숭이가 사람으로 진화했다는 얘기다. 지금도 많은 사람들은 원숭이가 사람으로 진화했다는 게 다윈의 진화론이 주장한 핵심 내용이라고 알고 있다. 그런데 이는 실로 놀라운 일이다. 다윈이 진화론을 주장한 『종의 기원』에는 그런 언급이 전혀 없기 때문이다. 그러므로 원숭이가 사람이 되었다는 말은 한낱 실언, 혹은 허언, 혹은 완벽한 오해, 혹은 종교와 정치의 합작품일지도 모르겠다. 아무튼 다윈은 원숭이가 사람이 되었다고 말한 적이 없다.

대신, 다윈은 공통조상을 이야기한다. 앞서 살펴본 것처럼 원숭이는 사람과 유인원과 함께 영장목에 속한다. 침팬지나 우랑우탄, 고릴라보다는 사람과 가깝지 않지만, 곰, 사자, 물고기, 새, 파충류보다는 사람에 가깝다. 그러나 생물을 생물학적인 특징, 즉 구조와 기능의 닮음과 다름만으로 분류한다면 필연적으로 한계에 봉착하게 된다. 닮음과 다름은 인간의 주관적인 판단이 개입되지 않을 수 없기 때문에, 두 생물 집단이 서로 닮았다고 해서 객관적으로 더 가깝다는 결론을 내릴 수 없는 것이다. 그러므로 주관적인 판단이 아닌 객관적인 판단 기준이 중요한데, 바로 그 기준을 공통조상이라는, 다윈의 진화론이 언급한 핵심 개념이 훌륭하게 맡아준다. 위에서 살펴본 계통분류도에 따르면 사람과에는 우랑우탄속, 고릴라속, 침팬지속, 그리고 사람속이 있다. 이렇게 네 가지 속이 갈라져 나온 하나의 출발점이 있는데, 바로 그 출발점이 공통조상인 것이다. 한 단계 더 과거로 가게 되면 '과'보다 한 단계 더 상위 단위인 '목'을 살펴봐야 하는데, 영장목에는 사람과 이외에도 원숭이과가 속한다. 사람과에 해당하는 공통조상도, 원숭이과에 속한 공통조상도 영장목에 속한 공통조상에서 갈라져 나온 자손들인 셈이다. 이런 식으로 연거푸 상위 단계로, 더 과거로 거슬러 올라가다보면 모든 생명체는 하나의 단세포 생물로부터 생겨났다는 추론이 가능해진다. 과연 박테리아와 같은 원시적인 형태의 생명체가 모든 생명의 시작이라는, 쉽게 받아들일 수 없는 결론에 이르게 되는 것이다.

DNA 염기서열을 확인할 수 있게 된 이후 분자생물학은 급속도로 발전했다. 지금은 굉장히 많은 종의 DNA 염기서열 파악이 완료된 상태다. 알다시피 휴먼 게놈 프로젝트가 끝난 지도 20년이란 세월이 흘렀다. 종과 종 사이의 DNA 염기서열의 비교, 대조를 동반한 수많은 방법으로의 분석으로 생물의 분류도는 단지 구조와 기능의 닮음과 다름뿐 아닌 진화를 근거로 한 계통 분류도로 발전했고, 각 종이나 속, 과, 목 등의 공통조상을 추적할 수 있게 되었다. 지금은 존재하지 않는 생명체의 DNA를 확보할 수 없다는 한계만 없다면 모든 종의 DNA를 확인, 비교, 대조, 분석하여 공통조상 이론을 데이터값으로 증명하는 게 가능할 것이다. 하지만 아쉽게도 제한된 화석 자료와 같은 논리로 모든 종의 DNA를 확보하는 게 불가능하기 때문에 앞으로도 공통조상은 비록 불완전하지만 가장 합리적인 이론으로 남게 될 것 같다.

사람은 특별할까? 나는 그렇다고 대답하고 싶다. 생물학적인 가장 큰 이유는 고도로 발달된 지능 때문이다. 그러나 사람은 가장 진

화한 존재라고 말할 수 없으며, '발달된 지능'이라는 이유를 빼놓고
선 함부로 가장 진보된 존재라거나 가장 고등한 존재라고 말할 수
없을 것이다. 그리고 진화는 지금도 아주 조금씩 진행되고 있고, 환
경도 조금씩 변화하고 있기 때문에, 사람 내부에서 일어나고 있는
DNA 변이와 바뀐 환경 사이의 궁합에 따라 사람이라는 종에도 아
주 조금씩 변화가 깃들 것이라고 예측할 수 있겠다. 재난, 재앙 영화
나 공상 과학 소설에서처럼 천재지변이 일어나 급격한 환경의 변화
가 찾아오면 과연 그때에도 사람이 생태계 피라미드에서 가장 꼭대
기를 차지할 수 있을지는 아무도 모른다. 사람이라는 종이 멸종될 가
능성도 이론적으로는 결코 배제할 수 없다.

YY

가장 지능이 발달된 동물이라서?

우월함

지구상에 존재하는 모든 생명체 중 가장 지능이 발달한 동물이 인간이라는 사실을 전제로 할 때, 과연 그 지능이란 무엇을 의미하는지 진지하게 생각해볼 필요가 있다. 단지 해부학적인 뇌의 크기만으로 그런 결과를 도출하진 않았겠지만, 어쨌거나 다른 기관이 아닌 뇌에 인간을 특별한 존재로 부각시키는 비밀이 숨어 있음은 분명한 사실이다. 물론 뇌의 크기나 구조보다는 기능에 방점이 있겠지만 말이다. 상식적으로도 알다시피, 인간의 뇌는 다른 동물들의 뇌와 현저히 다른 기능을 해낸다. 인간만이 할 수 있는 활동들을 우리 주위에서 가볍게 살펴봐도 어렵지 않게 그 차이를 발견할 수 있다. 굳이 예를 들지 않아도 충분할 것이다.

이렇게 인간만이 할 수 있는 특별하고 고유한 활동들을 나열하고 정리한 후 그것들을 한 마디로 표현하라고 하면 뭐라고 할 수 있을까? 아마도 '인간의 우월함'이 적당한 표현 아닐까? 즉 우리는 암묵적으로 인간의 특별함을 우월함과 다름 아닌 것으로 받아들이고 있는 것이다. 어쩌면 이건 좌우지간 인간을 특별하고 우월한 존재라고 규정해놓고 그 이유를 차후에 찾아낸 것인지도 모른다. 엎드려 절 받기랄까, 짜고 치는 고스톱이랄까. 다시 말해, 우월함을 입증하는 객관적인 증거가 있어서 인간을 우월하다고 말하는 게 아니라, 인간의 입장에서 볼 때 인간의 행동 양식이 가장 우월해보이기 때문에 우월하다고 결론내린 것일지도 모른다는 말이다. 솔직히 이런 질문과 답을 해나가는 종이 인간종 말고 더 있는가. 혼자서 북 치고 장구 치는 것처럼, 인간이 가진 모든 것들을 가장 우월하다고 가치를 부여해놓고 그에 부합하는 특징들을 찾아 끼워 맞춘 거라고 말해도 틀린 말은 아니기 때문이다. 정말 객관적이라면 적어도 각 종마다 대표를 소집하여 타당한 이유와 근거를 대며 논박을 가해야 하지 않겠는가. 물론 현실에선 불가능하겠지만 말이다.

그래서 여기선 질문을 살짝 바꿔서 생각해보도록 한다. 인간의 '특별함'을 '우월함'이 아닌, '인간다움'으로 말이다. 그러면 뉘앙스가 많이 달라지는 걸 느낄 수 있을 것이다. 인간의 독단을 어느 정도 배제할 수 있기 때문이다. 그리고 자연스레 인간다움이란 무엇일지 궁금해질 것이다. 바라기는, 이러한 관점으로 질문과 답을 해나가는 과정에서 인간의 독단이 가득한 우월함이 아닌, 진정한 인간의 특별함을 발견할 수 있길 기대해본다.

인간다움, 관계

인터넷 연결망으로 세계가 한층 더 좁아지고, 디지털 노마드Digital Nomad로 가끔은 전 세계가 마치 하나가 된 듯한 새로운 세상, 이름하여 메타버스Metaverse 시대가 도래했지만, 한편으론 사람과 사람 사이에 더욱 거리감이 생기고 점점 더 견고한 벽이 생겨나고 있는 것 같은 생경한 느낌 역시 무시할 수 없다. 온라인상의 인간관계가 오프라인에서의 인간관계를 과연 어느 정도까지 대체할 수 있을지는 여전히 미지수인 것이다. 과연 과학과 기술이 더욱 발전하게 되면 우리가 느끼는 이러한 막연한 불안과 괴리감이 좁혀지거나 사라질 수 있을까? 이는 인터넷을 상대적으로 잘 사용할 줄 모르는 노년층에만 해당되는 문제가 아니다. 젊은 세대들 사이에서도 심심찮게 불거지고 있으며, 특히 현재 디지털 세상을 리드하고 있는 세대이자 기성세대에 접어든 세대, 즉 2021년 기준 30~40대 중년층에선 철학적이고 윤리적이며 도덕적인 고민들이 기술의 발전과 함께 커져가고 있다. 인간의 우월한 지능이 이룩해놓은 이러한 시대에 인간의 인간다움은 과연 어떤 의미를 가질 수 있는지, 어떻게 보존될 수 있을지 우린 진지하게 고민해볼 필요가 있다. 그 우월한 지능이 끝내 인간다움의 상실을 가져올지도 모르기 때문이고, 벌써 그런 조짐들이 보이고 있기 때문이다.

우리는 소셜 네트워크 등을 통해 과거에는 불가능했던 전 세계 각지의 수많은 사람들을 만날 수 있다. 하지만 그러한 만남의 횟수와 빈도가 과연 사람들이 인간관계에서 얻는 만족도에 얼마나 긍정적으로 기여하고 있을지는 미지수다. 시골의 첩첩 산중과도 같은 사람 구경하기 힘든 곳이라면 온라인으로 인간관계를 갖게 되는 일 자체를 긍정적인 도움으로 평가할 수도 있겠지만, 바쁜 도시 생활과 이미 충분한 인간관계에서 치이고 또 치이는 현실의 수레바퀴를 돌리는 사람들에게 가중된 온라인 만남은 과연 긍정적인 의미를 가질 수 있을까? 어쩌면 사람들을 더욱 옥죄는 효과를 내고 있지는 않을까? 언제 어디서나 노출될 수밖에 없는 삶, 혼자 있을 수 있는 시공간이 점점 사라지는 세상을 상상해보라. 조금 극단적인 상상일지 몰라도, 우린 적어도 이런 방향성이 바람직한 삶의 모습을 지향할지 대충이라도 가늠할 수 있을 것이다. 인간관계로부터 얻는 만족감은 결코 잦거나 많거나 긴 만남으로부터 생겨나지 않는다. 양보단 질이라고나 할까. 양과 질 사이의 균형이 중요하다는 말은 두말하면 잔소리겠지만 말이다.

그렇다면 인간관계의 질은 어떻게 향상시킬 수 있을까? 마음에 맞거나 사랑하고 아끼는 좋은 사람들끼리만 만나며 살길 바라는 건 어느 누구나 갖는 이상일 것이다. 그러나 이상이 이상인 이유는 현실성이 결여되어 있기 때문이다. 우린 어쩔 수 없이 마음에 맞지 않고, 나를 미워하거나 시기하거나 깎아내리려는 사람, 못 잡아먹어서 안달인 사람을 만나면서 살아야만 한다. 처음에는 좋은 관계였는데, 시간이 가면서 차츰 관계가 악화되어 철천지원수 지간으로 변모하는 경우도 왕왕 생겨난다. 인간관계는 아마도 인간에게 주어진 가장 어려운 숙제가 아닌가 한다. 그런데 오히려 이런 면에선 온라인 만남이 도움이 된다. 직접 대면하지 않고 용건만 말하고 일을 처리할 수 있다는 장점은 불필요한 감정 소모를 줄일 수 있는 효율적인 방법이기 때문이다. 그러나 부정적인 만남의 대용으로 사용되는 온라인 만남이 아니라, 긍정적인 만남의 대용으로도 온라인 만남이 사용되어야만 하는 상황이라면 문제는 달라진다. 비로소 인간관계의 질이 무엇인지, 인간은 어떤 존재인지 진지하게 생각해볼 수 있는 문이 열리게 되는 것이다.

언급했다시피 문제는 사람이 고픈 상황에서 바라본 온라인 만남의 의미와 가치에 대해서다. 과연 사람이 고픈 심정이 온라인에서의 만남으로 궁극적으로 해소될 수 있을까? 이는 과거 전화로 이야기를 주고받던 시절의 상황과 크게 다르지 않아 보인다. 연애하는 커플들이 전화기를 붙들고 한두 시간 이상 잠까지 포기하고 이야기를 지속하던 이유는 대면 만남이 남긴 아쉬움을 달래보고자 하는 마음에, 혹은 가까운 미래에 있을 만남에 대한 기대감으로 들떴기 때문일 것이다. 다시 말해, 아이러니하게도 전화상의 만남은 대면 만남을 전제로 하기 때문에 지속 가능했던 것이다. 펜팔이 유행하던 시절, 편지만으로 시작했던 만남이 결국엔 대면 만남으로 이어지지 않던가. 온라인상의 만남도 마찬가지 논리일 것이다. 대면 만남이 전제되어 있지 않다면 온라인 만남은 그 자체만으로 100% 만족을 우리에게 가져다주지 못한다. 인간은 어쨌거나 대면 만남이 전제가 되는 관계 안에서 안정감과 만족감을(물론 때론 정반대의 부정적인 감정도 생겨나지만) 얻는 존재인 것이다. COVID-19 덕분에 팬데믹 시대를 경험해본 사람이라면 대면 만남의 의미에 대해서 별다른 설명 없이도 이미 스스로 각별한 가치를 부여하고 있을 것이라 믿는다. 인간이 사회적 동물이라는 말은 비대면, 온라인, 언택트 등과 같은 단어들로 설명하기에는 아무래도 부족한 게 많아 보인다.

이러한 부족함을 어떻게 이해할 수 있을까? 나는 이 문제가 '인간다움'을 이루는 본질에 해당한다고 생각한다. 이를 설명하기에 앞서 우리는 다른 동물들의 습성을 먼저 살펴볼 필요가 있다. 집단생활이 바로 그것이다. 동물의 세계에는 물론 집단생활을 하지 않는 동물들도 존재하지만, 우리가 아는 대부분의 동물들은 당연하다는 듯이 집단생활을 영위하고 있다. 쉽게 예를 들어보면, 침팬지, 원숭이, 사자, 곰, 그리고 개미에 이르기까지 숱하게 많은 동물들은 기본적으로 집단을 이루며 서식한다. 집단생활의 장점은 여러 가지가 있다. 가장 먼저 손에 꼽을 수 있는 이유는 생존에 유리하기 때문일 것이다. 적에게 노출되었을 때 살아남을 수 있는 확률이 커진다. 적의 입장에서도 쉽게 먹잇감으로 노릴 만한 동물은 아무래도 여럿이 함께 모여 있는 경우가 아니라 홀로 떨어져있는 경우일 것이다. 여기에 사람을 대입해서 생각해보자. 사람 역시 집단생활을 하는 동물에 속하기 때문에 비슷한 논리로 이해할 수 있을 것이다. 사람은 생태계에서 가장 포식자의 자리를 꿰차긴 했지만, 다른 동물들처럼 본능에 따라 서로 잡아먹는 존재는 아니다. 사람에겐 무언가 다른 점이 분명히 있는 것이다. 여기서 그 점을 앞서 그랬듯 '우월함'으로 해석하기에는 무리가 있어 보인다. '인간다움' 라고 해야 비로소 해석할 여지가 생겨나는 것이다.

인간다움, 낯설게 보기

가즈오 이시구로의 『클라라와 태양』은 이러한 '인간의 특별함' 혹은 '인간다움'이 무엇인지 소설의 허구적 장치를 활용하여 독자들이 스스로 생각해볼 수 있도록 만드는 소설이다. 클라라는 AF^{Artificial} ^{Friend}라고 불리는 인공지능 로봇이다. 매장에 진열된 AF는 누구나 돈을 주고 구입할 수 있으며, 각 AF마다 다른 캐릭터를 가지고 있어서 구매자의 기호와 요구에 맞게 선택할 수 있다. 어쩌면 우리가 사는 이 세상에도 곧 닥칠 가까운 미래일지도 모른다.

저자는 이 소설에서 클라라의 시선을 통해 독자들이 인간을 한 걸음 떨어져서 객체화시켜 바라보게 만든다. 우리는 서로 같은 인간이기 때문에 이러한 장치를 동원하지 않으면 인간을 객관적으로 바라보기 힘들다. 객관적으로 대상을 바라볼 수 없다면, 문학작품은 독자와의 공명점을 잃게 된다. 개별적인 것으로 보편적인 무언가를 통찰해내는 일이 바로 문학이 하는, 문학만이 할 수 있는 고유한 특징이다. 일상에서 우리들이 주관과 독단의 권위에서 좀처럼 벗어날 수 없는 이유도 자기 객관화라는 쉽게 다가서기 어려운 지점이 존재하기 때문일 것이다. 자기 객관화에 이르지 못한 사람은 결국 어린아이로 남을 수밖에 없다. 자아의 발견도, 성찰도, 성장도, 성숙도 모두 무의미해진다. 대상을 있는 그대로 바라보기 위한 첫 걸음이 바로 '객관화'인 셈이다.

소설은 본질적으로 허구의 세계다. 이렇게 무엇이든 가능한 세계에서 소설은 크게 두 가지 기법으로 대상의 객관화를 이룩해낸다. 하나는, 인간이 아닌 다른 존재의 시선을 이용하는 것이다. 이를테면, 외계인이라든지, 말하고 생각하는 동물이라든지 하는 가상의 존재들을 만들어내어 인간의 목소리로는 들을 수 없었던 부분들을 낯설게 만들어 들을 수 있도록 해준다. 그들은 인간이 아니기에 인간의 작은 행동 하나마저도 의아하게 생각할 수 있고, 인간들이 무심코 지나치는 많은 것들 앞에 멈춰 서서 질문할 수도 있다. 독자들은 바로 그 지점을 읽어나갈 때, 즉 인간이 아닌 다른 존재의 시선을 따라가며 읽어나갈 때 그동안 놓쳐왔던 것들을 보고 듣고 생각해볼 수 있게 된다. 다른 하나는, 같은 인간이지만 대다수에 속하지 않는 사람들, 다시 말해 소수자의 시선을 이용하는 것이다. 주류가 아닌 사람들의 시선은 언제나 낯설게 느껴질 수 있고, 그래서 객관화를 이루는 데에 유용한 통로가 될 수 있다. 어린아이의 입을 빌려 어른들의 세상을 이야기하게 만들어 비판의 목소리를 높인다든지, 반어법까지 동원하여 어떤 범죄자의 생각을 빌려 평범한 사람들 안에 숨겨진 폭력성을 조명한다든지 하는 방법이 그 예가 되겠다. 이런 두 가지 관점을 놓고 볼 때, 이 소설『클라라와 태양』에서 가즈오 이시구로는 공상과학적인 기법을 차용하여 인공지능 로봇의 시선으로 인간을 객관화한 뒤 독자들로 하여금 바라볼 수 있게 만든다. 말하자면 인간을 낯설게 바라보는 시선을 같은 시스템 내에서 인간이 아닌 다른 존재를 통해 만들어내고 있는 것이다. 그래서 인간 화자가 아닌 클라라라는 로봇 화자가 이끌어가는 이야기 전개를 따라가다 보면 자연스레 그동안 잘 보지 못했던 인간의 거짓되고 위선적인 모습들, 혹은 파렴치하고 이기적인 모습들을 관조할 수 있게 된다. 원래 존재했으나 객관화되기 전에는 전혀 보이지 않았던 것들이 비로소 그 모습을 드러내게 될 때, 독자들은 전율과 함께 커다란 깨달음과 반성까지 얻을 수 있다. 이러한 면에서 이 소설은 로봇을 통해 잊었던 인간의 인간다움을 상기시키고 강조하는 효과를 내고 있는 것이다.

인간다움, 공감력

나는 저자가 클라라의 통해 특별히 강조하고 있는 부분을 '공감력'으로 보았다. 고도의 지능은 인공지능 로봇 앞에선 무색해질 수밖에 없다. 이는 저자가 인간이 스스로 우월하다고 내세우는 유일한 이유를 일부러 힘을 잃게 만들기 위한 소설적 장치가 아닌가 생각한다. 우리들이 당연하게 받아들이고 있던 사고방식에 균열을 가한 뒤 생각해보지 못했던 곳으로 우리의 시선을 이끌고 있는 것이다. 지능이 아닌 공감. 이 시대를 살아가며 인간다운 삶을 영위하고 싶은 사람들에겐 의미심장한 단어가 아닐 수 없다. 어쩌면 공감이라는 단어가 인간다움을 이루는 가장 중요한 축이진 않을까? 어쩌면 공감이라는 단어에 인간의 진정한 특별함이 내재되어 있진 않을까?

단적인 예로 클라라보다 한 단계 더 진보한 버전의 AF와 클라라가 속한 버전을 비교하는 대화를 들 수 있다. 인공지능 로봇은 우리가 흔히 접하는 컴퓨터나 스마트폰과 같은 논리로 꾸준히 업데이트가 되는데, 마침 소설 속 배경은 클라라의 다음 버전(B3)이 출시된 직후다. 다음은 소비자 중 하나가 두 버전을 비교하는 대사다.

'새로 나온 B3가 인지 기억 능력이 아주 뛰어나다고 들었어요. 그런데 공감력이 좀 부족한 경우가 있다고 하던데요.'

그렇다. 클라라는 다른 AF보다, 심지어 기술적인 면에서 더 완성도 높게 제작된 B3 레벨보다도 공감력에 있어서는 월등한 로봇이다. 정확한 이유는 밝히고 있지 않지만, 작가는 의도적으로 이러한 상황을 도입한 게 아닌가 한다. 업데이트된 버전이라면 모든 부분에서 월등해야 당연할 것 같은데, 유독 공감력이라는 부분에선 그렇지 못하게 설정한 이유가 분명히 있다는 말이다. 공감력은 고도의 기술 향상으로도 이룰 수 없는 그 무엇이라는 메시지를 작가는 우리에게 던져주고 싶지 않았을까? 앞서 언급한대로, 만약 공감력이 인간다움의 본질을 이루는 중요한 요소라면, 그 인간다움은 인간의 우월함이 녹아있는 고도의 지능으로 발전시킨 과학과 기술로도 얻어낼 수 없는 가치라고 말하고 싶었던 건 아닐까? 그래서 의도적으로 한 단계 이전 버전의 클라라를 주인공으로 삼아 독자로 하여금 인간 세상을 바라볼 수 있게 만들지 않았을까? 그렇다면 작가는 클라라라는 인공지능 로봇을 통해 우리들에게 인간이 끝까지 지켜야 하고 인간 안에 내재되어 있는 인간다움을 공감력이라는 가치로 상기시켜주고 싶었던 건 아니었을까?

로봇이라는 단어가 무색할 만큼 클라라는 사람의 내면을 관찰하고 생각하고 분석할 줄 안다. 무엇보다 사람과 공감할 줄 안다. 마치 사람인 것처럼 말이다. 소설을 읽어보면 누가 사람인지 누가 로봇인지 분간이 안 가는 장면도 등장한다. 주객이 도치되어 인간인 우리가 인간을 객관화하여 바라본 효과일 것이다. 작가는 이런 독특한 캐릭터를 가진 인공지능 로봇 클라라를 통해 인간의 특별함 혹은 인간다움은 다른 어떤 것들보다도 공감력에 있다고 넌지시 짚어주고 있는 것이다.

또한 클라라를 구입한 조시 엄마의 계획은 클라라를 조시의 대용으로 쓰기 위해서였다. 조시는 아팠다. 언니처럼 곧 죽을지도 몰랐다. 그때를 대비해 조시 엄마는 클라라로 하여금 조시의 모든 것을 배우고 복제하길 바랐던 것이다. 행동이나 표정뿐만이 아닌 마음 씀씀이마저도. 그러나 소설의 결말 부분으로 치달을수록 그건 불가능하다는 결론에 다다른다.

과연 어떤 특정한 사람의 마음을 누군가 그대로 가질 수 있는 것일까? 아무리 공감력이 뛰어난 클라라라고 하더라도 그건 불가능한 영역의 일일 것이다. 소설 속에는 그게 가능하다고 믿었던 사람도 등장하고 절대 불가능하다고 믿는 사람도 등장한다. 이들의 갈등 구조를 살펴보는 것도 흥미로운 부분이다. 클라라는 과연 어느 쪽이었을까? 스포일러를 하고 싶지 않아 힌트가 될 만한 구절로 대신한다. 조시 아빠의 대사다.

'너는 인간의 마음이라는 걸 믿니? 신체 기관을 말하는 건 아냐. 시적인 의미에서 하는 말이야. 인간의 마음. 그런 게 존재한다고 생각해? 사람을 특별하고 개별적인 존재로 만드는 것? 만약에 정말 그런 게 있다면 말이야. 그렇다면 조시를 제대로 배우려면 조시의 습관이나 특징만 안다고 되는 게 아니라 내면 깊은 곳에 있는 걸 알아야 하지 않겠어? 조시의 마음을 배워야 하지 않아?'

아래 역시 조시 아빠의 대사다.

'하지만 네가 그 방 중 하나에 들어갔는데, 그 안에 또 다른 방이 있다고 해 봐. 그리고 그 방 안에는 또 다른 방이 있고. 방 안에 방이 있고 그 안에 또 있고 또 있고. 조시의 마음을 안다는 게 그런 식 아닐까? 아무리 오래 돌아다녀도 아직 들어가 보지 않은 방이 또 있지 않겠어?'

공감력에 탁월했던 클라라의 결정은 의미심장하다. 공감을 누구보다도 잘할 수 있다고 해서 결코 그 사람과 똑같이 될 수 없다는 사실을 우리에게 일깨워주기 때문이다. 즉 인간의 특별함은 고등한 뇌 덕분이라고 생물학적으로 말할 수 있고, 뇌가 작동하는 두 가지 영역 중에서도 감성적인 측면, 즉 공감력에 인간의 인간다움이 심겨 있다고 말할 수 있지만, 한 개인은 탁월한 인간다움으로도 결코 복제할 수 없다는 것. 모든 인간은 고유한 존재라는 것. 가장 인간다운 속성이라고 할 수 있는 공감력을 넘어서는 인간의 고유한 개별성, 저자는 바로 여기에 인간의 특별함 내지는 인간다움이 숨어있다는 걸 말하고 싶었던 건 아니었을까.

이러한 설정에서 작가는 공감력을 상기시키는 목적을 훌쩍 넘어서고 있다고 볼 수 있다. 공감력을 포함하는 인간의 특별함 혹은 고유함은 결코 복제할 수 없다는 점을 말하고 있기 때문이다. 혹자는 이렇게 말할 수도 있다. 앞으로 과학과 기술이 더 발전하면 그런 것들도 모두 가능해질거라고. 물론 틀렸다고 완벽하게 반박할 수는 없다. 그러나 그건 인간이 인간을 창조해낼 수 있다는 말과도 상통하기 때문에 그 누구도 함부로 말할 수 없는 영역의 말이다. 그리고 만약 그게 옳은 말이라면, 모든 신비와 미제는 과학기술의 발전에 따라 사라져야만 한다. 이런 입장을 과학만능주의 혹은 과학지상주의라고 부른다. 과연 그럴까? 적어도 이 소설에서는 인간의 특별함, 고유함, 인간다움, 공감력은 지능, 과학, 기술로 진보시키거나 복제할 수 없다는 메시지를 강력하게 던지고 있다. 그리고 나는 이 메시지를 가볍게 듣지 않고 가슴에 담아두기로 한다. 인간만이 가진 고유한 능력은 곧 인간다움이고, 그것은 공감력으로 표현될 수 있는 거라고. 메타버스 시대에 우리들이 지켜야 할 가치는 인간의 우월함이 아닌 인간다움일 거라고.

사람다움, 사람다울 수 있는 이유

하이데거에 따르면 인간은 존재자 중에서도 존재를 묻고 드러내는 유일한 존재자, 즉 현존재다. 이는 모든 생명체 중에서 인간이 구별되는 이유이기도 할 것이다. 그러나 『사람, 장소, 환대』라는 책에서 김현경은 인간을 한 번 더 걸러낸다. 바로 '사람'이라는 단어를 통해서다. 여기서 주의해야 할 건, 사람이 인간보다 우월하다는 의미가 아니라는 점이다. 결코 우생학적 관점에서 도출된 말이 아니다. 이 논리는 모든 존재자 중에서도 현존재인 인간을 구별한 하이데거에게도 적용할 수 있다. 그 역시 인간의 우월함을 말하고자 현존재라는 개념을 만들어내진 않았을 것이다. 모든 생명체나 모든 사물은 순수하게 그 자체로 존재하지 못하고 어떤 사용의 맥락 안에서 정의된다고 말했던 그가 인간의 우월함을 과시하진 않았을 것이기 때문이다. 구별됨이 언제나 상하 관계의 우열을 의미하진 않는다.

저자에 따르면, 모든 사람은 인간이지만, 모든 인간이 사람인 것은 아니다. 사람답지 못한 인간이 있고, 사람 대접을 받지 못하는 인간이 있기 때문이다. 김현경은 1장 「사람의 개념」 첫 페이지에서 다음과 같이 쓴다.

'사람이라는 것은 어떤 보이지 않는 공동체 안에서 성원권을 갖는다는 뜻이다. 즉 사람됨은 일종의 자격이며, 타인의 인정을 필요로 한다. 이것이 사람과 인간의 다른 점이다. 이 두 단어는 종종 혼용되지만, 그 외연과 내포가 결코 같지 않다. 인간이라는 것은 자연적 사실의 문제이지, 사회적 인정의 문제가 아니다.'

가만히 생각해보면 어렵지 않게 이해되면서도 한편으론 궁금해진다. 그렇다면 사람다움이란 무엇일까. 제목에서 보다시피 이 책은 '사람, 장소, 환대'라는 세 가지 키워드에 대한 해제라고 볼 수 있다. 저자의 인류학, 사회학 등의 전공 배경이 저자만의 독특한 글쓰기 스타일을 만나 탄생한 인문학적 성찰이다. 역사와 문명은 물론 현 세태의 민낯을 날카롭게 파헤친 저자의 통찰을 책 곳곳에서 찾아볼 수 있다. 이 시대를 살면서 꼭 한 번쯤은 깊게 생각해 봄직한 주제들을 다루고 있기에, 나는 이 책을 많은 사람들에게 권한다. 마치 논문을 읽는 것만 같은 딱딱함도 책 중간 중간에 나오기는 하지만, 그런 부분을 과감하게 건너뛰더라도 충분히 책 전반에 흐르는 저자의 메시지를 이해하고 공감할 수 있을 것이라 믿는다. 공돌이이자 인문학에 문외한인 나 또한 그랬기 때문이다.

이 책의 문을 여는 프롤로그는 아델베르트 폰 샤미소Adelbert von Chamisso의 『그림자를 판 사나이』라는 소설에 대한 저자의 해석이 담거있다. 문학을 좋아하는 나로선 반가운 도입부였고 덕분에 몰입할 수 있었다. 저자에 따르면 이 소설에 대한 기존의 해설은 빈틈과 오류가 있다. 기존의 해설은 그림자를 영혼과 비슷한 개념으로 취급한 데 반하여, 저자는 그림자를 오히려 영혼과 대립하는 외적이고 현세적인 그 무엇이라고 해석한다. 소설 속에 등장한 주인공 슐레밀은 그림자를 팔았지만, 여전히 인간으로 살 수 있었다. 그러나 슐레밀은 그림자가 없다는 이유만으로 사람대접을 받지 못한다. 즉 그림자의 유무는 인간과 사람의 그 묘한 구별을 가능하게 해주는 그 무엇인 것이다.

사람대접을 받지 못한다는 사실이 그림자의 상실이라는 알레고리를 통해 형상화된 이 소설은 이어서 또 한 가지 중요한 알레고리를 선사한다. 슐레밀이 그의 괴로움을 칠십리 장화를 통해 해결한다는 설정이 바로 그것이다. 어디든 한달음에 갈 수 있는 장화 덕분에 그는 어디에도 속하지 않으면서 인류 전체에 속하는 방법을 발견했기 때문이다. 슐레밀은 사람들과 더불어 살아가지 않아도 되는 방법을 통해 자신의 문제를 해결한 것이었다. 이 해결책을 가만히 들여다보면, 사람대접을 받을 수 없다는 사실은 이미 전제가 되어 있는 셈이며, 유일한 해결책은 사람들을 떠나는 것밖에 없다는 해석을 가능하게 해준다. 슬프게도 슐레밀은 '사람들 속에서 살아가기'를 단념하고 순수하게 관조적인 삶의 방식을 선택했던 것이다.

어디에도 속하지 않으면서 인류 전체에 속한다는 말은 브레네 브라운Brene Brown의 『진정한 나로 살아갈 용기』에서 '진정한 소속감'이라는 긍정적인 의미로 해석되었지만, 아델베르트 폰 샤미소의 『그림자를 판 사나이』를 해석하는 김현경에 따르면, '소외와 도피'의 의미를 가질 뿐이다. 슐레밀이 브레네 브라운의 책을 읽었다면 어땠을까. 과연 진정한 자존감과 진정한 소속감을 가질 수 있었을까. 그림자가 없어 사람들로부터 사람 취급을 받지 못하는 상황에서 그게 가능했을까. 반대로 브레네 브라운이 김현경의 해석을 읽었다면 어땠을까. 그림자가 없는 인간이 괴로움에서 벗어나는 방법으로는 막다른 골목인 '비장소화' 밖에 없다는 김현경의 통찰을 브레네 브라운은 어떻게 생각할까. 브레네 브라운의 이론은 사회구조라는, 인간이 속한 환경이라는 더 큰 숲, 더 큰 맥락에 대한 고려가 부족하진 않았을까 조심스레 생각해본다. 아무리 홀로 황야를 거치고 이겨낼 만큼 비장한 용기를 낸다고 해도 그림자를 다시 얻을 순 없기 때문이다.

슐레밀의 최종 선택은 '스스로 소외당함'이었다. 이는 저자에 따르면 '비장소화'라고 표현할 수 있을 것이다. 즉 사람이 된다는 것은 자리/장소를 갖는다는 말로 해석할 수 있다. 또한, 사람다움이란 사람대접을 받을 때 비로소 주어지게 된다. 즉 타자의 존재가 필수다. 홀로 존재하는 사람은 사람이 아니라 인간일 뿐이다. 마찬가지로, 스스로 소외시키고 소외당하는 사회를 구성하는 사람 역시 사람이 아니라 인간일 뿐일 것이다. 이를 다시 풀면, 우리 모두는 타자의 환대에 의해 사회 안에 들어가며 사람이 된다는 말이다. 이때의 환대는 타자에게 자리/장소를 주는 행위로 설명이 가능하다. 타자에게 자리를 주는 것, 또는 그의 자리를 인정하는 것, 그가 편안하게 사람을 연기할 수 있도록 돕는 것, 그리하여 그를 다시 한 번 사람으로 만들어주는 것. 저자는 환대를 이렇게 정의한다.

　이렇게 해서 '사람, 장소, 환대'라는 세 가지 키워드가 서로 맞물린 채 사람다움이라는 한 단어에 대한 이해를 더욱 깊고 풍성하게 만들어주는 것 같다. 사람다움이란 한 인간이 타자에 의해 장소/자리를 제공받는 행위, 즉 환대를 통해서 얻어질 수 있는 것이다. 이는 단순히 훌륭한 성품이라든지 고결한 도덕성이라든지 지고한 개인 영성이라든지 하는 말로는 결코 설명할 수 있는 개념이 아니다. 이런 단어들은 오로지 사적인 영역만으로 이루어져 있기 때문이다. 훌륭한 성품과 고결한 도덕성 그리고 지고한 개인 영성은 타자에 대한 존중과 배려에 기반이 되어야 한다. 먼저 사람이 되어야 하기 때문이다.

아직 말도 잘 못하는 어린아이들이 하는 놀이 가운데 '닮은 도형 골라내기'가 있다. 세모이면 세모, 네모이면 네모, 동그라미이면 동그라미로 그려진 구멍 안에 같은 모양과 크기를 가진 도형을 선택하여 집어넣는 놀이이다. 아이를 키워본 부모라면 다들 아이가 바닥에 앉아 조그만 손과 발로 어렵지 않게 학습해나가는 과정을 보며 흐뭇한 미소를 지었던 기억을 가지고 있을 것이다. '닮음과 다름'이라는 주제는 '닮은 도형 골라내기'처럼 언어 능력이 발달하기 이전에도 충분히 학습할 수 있는 누구나 접근하기 쉬운 주제이다. 하지만 모든 생물학 원리의 총합이며 궁극의 결과라고 할 수 있다. 원하든 원하지 않든 모든 생명체는 서로 닮거나 다를 뿐 다양한 생물학 원리들이 저마다 다른 콘텍스트에서 주어진 목적에 따라 완벽하게 작동한 결과이기 때문이다. 진화의 정도와 상관없이 모든 생명체는 저마다 완전하다. 이 책을 읽은 뒤에 일상에서 닮음과 다름을 논할 기회가 생긴다면, 이젠 더 이상 우열의 관점이 아닌 각 개체의 완전성에 대한 겸허한 인정과 존중의 관점을 가질 수 있으리라 기대해본다. 덧붙여,

생명의 신비에 대한 경이감도 조금 더 가질 수 있으면 좋겠다.

　닮음과 다름은 진화의 순간 기울기 값이며 다양성의 단면이라고 할 수도 있다. 이는 거시적인 관점에서 바라본 우리의 생물학적 정체성일 수도 있다. 누가 누굴 닮고 닮지 않고는 장구한 세월 숱한 진화를 거치면서 수많은 생물학의 신비가 복잡하면서도 정교하게 만들어낸 최종 출력값이라고 볼 수도 있기 때문이다. 진화의 속도는 인간의 수명으로는 실시간으로 느낄 수 없을 정도로 느리다. 그러나 지금도 여전히 진행 중이며 생명체가 탄생한 이후 한 번도 멈춘 적이 없다. 진화는 생명체라면 누구나 참여하고 있는 자연 현상이지만, 무작위적이고 예측 불허한 특징을 가진다. 그럼에도 불구하고 진화는 궁극적인 방향성을 가지는데, 그것이 바로 다양성이다. 다양성은 진화의 불가피한 결과물이다. 그러므로 인간을 포함한 모든 생명체의 닮음과 다름은 다양성의 직접적인 증거이자 진화의 역사적 산물인 셈이다. 닮음과 다름이라는 현상이 우리가 생각했던 것보다 이렇게 의미심장할 줄은 미처 몰랐을 것이다.

　우린 이 책을 통해 그 이면에 놓인 생물학의 굵직한 줄기를 이루는 기초 원리들을 함께 살펴보았다. 분자생물학과 세포생물학 그리고 유전학의 핵심 개념들을 여행하듯 간략히 훑어보면서 말이다. 우리가 살펴본 바에 따르면 궁극적으로 닮음과 다름을 나타내는 다양성과 진화의 시작은 아주 미약했다. DNA 염기서열의 우연적인 변이가 바로 그 시작이었다. 물론 모든 변이가 진화라는 거대한 변화를 만들어내는 건 아니었다. 그러나 그 모든 작은 변이는 의도치 않은 오류에서 발생했었다. DNA에서 DNA로 유전정보를 유지하는 복제과정, DNA에서 RNA로 유전정보가 전달되는 전사과정, RNA에서 단백질로, 마치 서로 다른 언어가 번역되듯, 유전정보가 전달되는 번역과정, 이름하여 '센트럴 도그마'라는 현상을 통해 우리는 엄마 세포에서 딸 세포로, 부모로부터 자녀에게로 유전정보가 전달된다는 사실을 알게 되었다. '센트럴 도그마'가 중요한 이유는 DNA 염기서열이 보유한 유전정보가 RNA를 거쳐 단백질로 전달되어야 비로소 개체 고유의 형질을 나타낼 수 있다는 사실을 알려주기 때문이다. 우리 몸을 이루는 기본적인 구성 성분은 탄수화물, 지방, 핵산, 그리고 단백질이다. 이렇게 네 가지 성분이 어떻게 만들어지고 분해되며 우리 몸에서 이용되는지를 연구하는 학문이 생화학인데, 그중 단백질이 만들어지는 유일한 방법이 바로 센트럴 도그마 과정이다. 그러므로 센트럴 도그마가 존재하지 않는다면, 단백질은 만들어질 수 없다. 단백질은 핵산(DNA와 RNA를 통칭)의 몸을 거쳐서 세포 내외에서 실제로 기능할 수 있는 새로운 형태로, 마치 애벌레가 번데기 단계를 거쳐 마침내 나비로 변화하듯, 하지만 여전히 DNA의 유전정보를 그대로 보존하면서 탄생되는 유전정보의 최종 플레이어인 셈이다. 물론 이제는 단백질 합성을 코딩하는 DNA만을 유전자라고 명명하지 않고, 단백질을 코딩하지 않는 DNA 중에서 유전 형질을 직간접적으로 나타내는 부분도 유전자로 고려해야 하지만, 여전히 단백질의 위상과 센트럴 도그마의 중요도는 분자세포생물학과 유전학의 정수라고 봐야 할 것이다.

우리 몸은 여러 장기들로, 여러 장기들은 수많은 다양한 세포들로, 수많은 다양한 세포들은 최종분화한 적혈구와 혈소판을 제외하곤 모두 핵을 가지고 있으며, 그 핵은 유전정보를 담당하는 DNA를 보관하고 있다. 전체 DNA 중에서도 약 1% 정도만이 유전 형질을 나타내는 유전자로 역할하고 있다. 육안으로는 보이지도 않을 작은 세포의 작은 핵 안에서 일어나는 이 미세한 현상이 생태계 전체의 다양성을 만들어내고 있다는 사실, 그리고 우리가 서로 닮거나 다르거나 하는 근본적인 원인이 된다는 사실은 실로 경이롭기만 하다.

자칫 어렵게 느껴질 수도 있는 생물학의 문턱을 낮추기 위해 이 책에서는 문학과 인문학 서적을 우리의 여행 파트너로 삼았다. 이 책을 쓸 때부터 한 가지 걱정이 있었다. 도스토예프스키의 『카라마조프 가의 형제들』만으로도 이미 충분히 벅찬 대상인데, 이 작품을 생물학 여행의 파트너로 삼아 "쉽게" 설명한다니, 어불성설이라는 느낌을 지울 수가 없었던 것이다. 그러나 이렇게 에필로그까지 읽어오신 독자들이 계신 것만으로도 나는 소기의 목적을 달성했다고 생각한다. 생물학과 문학을 따로 접근했다면 불가능할 법했을 효과를 둘 사이의 의도치 않은 상승작용 덕분에 볼 수 있었기 때문이다. 이 책을 계기 삼아 생물학에 대한 관심뿐만 아니라 『카라마조프 가의 형제들』을 읽어볼 마음까지도 갖게 된다면 두 마리의 토끼를 한 번에 잡는 셈이 되겠다.

『카라마조프 가의 형제들』에 등장한 인물들을 중심으로 1부와 2부를 풀어왔다. 카라마조프적인 그 무엇인가는 DNA나 유전자 같은 가시적인 물질로 존재하지 않을 것이다. 어쩌면 '카라마조프적'이라 함은 '인간적인'이라는 뜻과 다르지 않을지도 모르겠다. 그야말로 표도르 카라마조프로부터 막내 아들 알렉세이 카라마조프까지 살펴보면 우리네 인간 군상을 모두 모아놓은 것 같은 인상을 지울 수가 없기 때문이다. 가장 통속적인 주제로부터 가장 심오한 인간의 본성과 심리를 파헤친 도스토예프스키는 대가 중 대가임에 틀림이 없다고 다시금 생각하게 된다.

3부에서 진화와 분류학의 가장 기초되는 개념들을 살펴보면서 우리는 인간의 특별함에 대해서도 함께 생각해보았다. 『카라마조프 가의 형제들』에서 '카라마조프적'인 그 무언가를 '카라마조프 DNA'나 '카라마조프 유전자'가 아니라 '인간적인'이라는 의미로 받아들인다면, 그 인간적인 게 무엇인지에 대해서 한 걸음 더 나가보고 싶었다. 닮음과 다름의 차이에서 우리들은 아주 쉽게 우열의 관점에서 서로를 비교하게 되는 경향을 가지고 있다. 나는 그 본능적인 경향에 저항하고 싶었다. 그래서 '인간적인'의 의미에서 인간의 특별함을 연결시켰고, 그 특별함이 우월함이 아닌 인간다움이라는 사실을 강조하고 싶었다. 그러기 위해선 인간뿐만이 아닌 모든 생명체를 같은 페이지에 놓고 비교해볼 필요가 있었다. 마치 유전자가 전체 DNA에서 1% 정도만을 차지하듯, 마치 핵이 세포의 일부만을 차지하듯, 마치 세포가 우리 몸의 보이지도 않을 만큼의 크기로 존재하듯, 사람종이 전체 생태계에서는 지극히 작은 부분을 담당하고 있다는 사실을 보여주고 싶었다. 그래서 우리들이 너무나도 당연한 것처럼 여기곤 하는 인간의 우월함에 균열을 내고 싶었다. 대신, 그 자리에 인간만이 가진, 다른 고유한 특징인 '인간다움'의 생기를 불어넣고 싶었다. 가즈오 이시구로의『클라라와 태양』과 김현경의『사람, 장소, 환대』는 모두 이러한 목적으로 선택된 책이었다. 부디 이 책을 읽고 단순히 생물학 지식을 쉽고 재미있게 얻어가는 유익만이 아닌, 좀 더 인간다움을 회복하게 되는 우리 모두가 되길 기대한다.

닮은 듯 다른 우리

초판 1쇄 발행 2021년 12월 15일

지은이 김영웅
펴낸이 이재원

펴낸곳 선율
출판등록 2015년 2월 9일 제 2015-000003호
주소 경기도 구리시 동구릉로 148번길 15
전자우편 1005melody@naver.com
전화 070-4799-3024   팩스 0303-3442-3024
인쇄 성광인쇄

© 김영웅. 2021

ISBN 979-11-88887-16-3 03470

값 15,000원